军用飞机作战使用生存力分析与评估

李曙林　常　飞　何宇廷
汪　诚　王怀威　杨　哲　著

国防工业出版社

·北京·

内 容 简 介

本书立足军用飞机作战使用需求及特点,提出军用飞机作战使用生存力的概念和内涵,建立了包含固有(设计)生存力和作战使用生存力的综合生存力评价指标体系;分析作战使用因素,包括作战环境、气象环境、战术使用、战伤抢修等,对于飞机作战使用生存力的影响,分别建立了计算模型及作战使用决策方法;提出了基于区间数排序法、改进区间数 TOPSIS 法、属性值为区间数的一系列飞机作战使用生存力评估方法与权衡决策手段;提出了网络中心战条件下作战体系生存力的概念,构建了作战体系网络模型及算法,给出了网络中心战与平台中心战条件下飞机作战生存力的评估和综合权衡设计方法。

本书可作为高等院校飞行器设计专业飞机作战生存力研究方向的教师和研究生教学参考书,也可作为飞机设计研究单位总体设计部门的专业人员、军用飞机发展论证部门的专业人员、部队航空武器装备作战使用评估与决策人员的参考书。

图书在版编目(CIP)数据

军用飞机作战使用生存力分析与评估/ 李曙林等著.
—北京:国防工业出版社,2016. 11
ISBN 978 - 7 - 118 - 11008 - 1

Ⅰ.①军... Ⅱ.①李... Ⅲ.①军用飞机 - 作战能力 -
生存能力 - 研究 Ⅳ.①E926. 3

中国版本图书馆 CIP 数据核字(2016)第 253749 号

※

国防工业出版社出版发行
(北京市海淀区紫竹院南路23 号 邮政编码100048)
北京嘉恒彩色印刷有限责任公司
新华书店经售

*

开本710×1000 1/16 印张11½ 字数212 千字
2016 年11 月第1 版第1 次印刷 印数1—2000 册 定价58.00 元

(本书如有印装错误,我社负责调换)

国防书店:(010)88540777 发行邮购:(010)88540776
发行传真:(010)88540755 发行业务:(010)88540717

作战生存力是军用飞机设计中需要考虑的重要因素之一。军方使用实践表明:设计评价生存力优异的飞机,作战使用中的生存概率未必高。虽然目前设计与研制过程中将生存力与飞机的性能、经济性、可靠性、维修性与保障性一起作为设计因素,但是,设计制造与作战使用中对飞机生存力高低进行评价重点并不一致。设计制造关注一般性,生存力的评价倾向于定性化的衡量;而作战使用关注针对性,生存力的评价侧重于作战效能的生存力(飞机具体的战场环境、电子战使用、战伤抢修能力以及作战体系等作战使用细节)。因此,对于军用飞机作战使用生存力的研究,应突破传统敏感性与易损性等指标性构架,建立基于飞机作战效能的动态生存力综合指标体系,综合权衡考虑作战使用因素对作战飞机生存力的影响与使用决策。

本书站在军方角度,遵照武器装备设计制造与服役使用的客观规律,辩证地提出了设计(固有)与作战使用两者并存的飞机作战生存力内涵;立足军方攻守战术与权衡评估思想,全面分析了作战环境、气象环境、战术使用、作战能力的影响因素,构建了飞机作战生存力指标体系与评估方法;综合军用飞机设计趋势与军事需求发展,前瞻性地研究了未来军事斗争条件下的军用飞机作战生存力权衡设计。

与国内外同类著作相比,本书的特色之一是立足军方使用需求及特点,辩证地区分了飞机固有生存力和作战使用生存力的概念,建立了系统化的军用飞机作战生存力评价指标体系框架,明确了指标体系量化理论与方法;特色之二是从军方作战运用角度出发,分析了作战使用因素,包括作战环境、气象环境、战术使用、维修性与战伤抢修等,对于飞机作战使用生存力的影响,通过具体战例建立了分析模型及计算方法与决策观点;特色之三是从军方作战评估决策角度出发,确立了飞机作战能力对飞机生存力的影响,构建了军用飞机作战能力生存力指标体系,规范了指标概念与量化方法,研究并提出了基于区间数排序法、改进区间数 TOPSIS 法、属性值为区间数的一系列飞机作战使用生存力评估方法与权衡决策手段;特色之四是从军方战略发展角度出发,针对未来空战体系对抗条件下对于飞机作战生存力的影响这一技术领域的发展方向,提出网络中心战条件下作战体系生存力的概念,构建了作战体系网络模型及算法,研究并定量计算了未来网络中心战与传统平台中心战条件下飞机作战生存力的评估方法和综合权衡设计。

全书共分为9章。第1章介绍了生存力的基本概念,提出了飞机作战使用生存力的概念,分析了影响飞机作战使用生存力的因素。第2章提出了维修性和战伤抢修能力对飞机作战使用生存力的影响,给出了维修性和战伤抢修能力对作战生存影响的概率模型。第3章分析了雷达干扰、红外诱饵干扰、机载箔条干扰等作战环境对飞机作战生存力的影响及使用策略分析。第4章构建并计算了气象环境对飞机作战生存力的影响以及使用决策分析。第5章从军用飞机战术运用角度分析并计算了其对飞机生存力的影响。第6章提出了飞机作战能力对飞机生存力影响的基本思路,建立了考虑作战能力影响下的飞机生存力模型,研究了飞机生存力—作战能力多目标优化的问题。第7章明确了生存力评估的模糊性及不确定性,提出并分析了基于区间数排序法、改进区间数 TOPSIS 法、属性值为区间数的生存力评估方法。第8章提出了飞机生存力权衡设计及参数灵敏度分析方法,给出了相应的优化理论和算法。第9章分析了体系作战条件对飞机生存力的影响,提出了网络中心战条件下飞机生存力权衡设计方法。

本书的出版可以为军用武器装备设计单位人员提供设计方向与思路,为军用武器装备使用单位人员提供生存力理论支撑,为军用武器装备高生存力战术运用提供决策方法,为高等院校飞行器设计专业教研人员与研究生培养提供技术参考。

参与本书编写的人员有李曙林、常飞、何宇廷、汪诚、王怀威、杨哲等,全书由李曙林统稿。

衷心感谢空军工程大学李应红院士、西北工业大学宋笔锋教授在百忙中审阅了本书,同时感谢国防工业出版社对本书出版的大力支持,对本书所引用参考文献的作者在此一并致谢。

站在军方使用角度研究军用飞机作战使用生存力是一个新的技术领域,

其相关的理论和技术仍在不断发展中,加之著者水平有限,书中难免有不足之处,敬请读者批评指正。

著者

2015 年 12 月

CONTENTS | 目　录

第1章
绪 论

1.1 飞机生存力概述

飞机作战生存力是指飞机在执行作战任务时,在不引起持久地削弱其完成指定任务能力的前提下,躲避和承受人为敌对环境的能力。也就是说,飞机在作战时,在敌方武器威胁的环境下,应具有尽量不被敌方发现(低的探测敏感性)、遭到敌方武器攻击后减少致命损伤(低的易损性)以及战伤飞机能够尽快修理(高的战伤抢修性),重新投入战斗的能力。因此,敏感性、易损性和战伤抢修能力是决定飞机作战生存力的三个因素。

1.1.1 敏感性

敏感性是与飞机作战生存力相关的首要因素,它是指作战飞机在完成任务过程中被威胁击中的可能性。敏感性用飞机被威胁机理命中的概率 P_H 来表示。

敏感性可以分为三大部分:

(1) 威胁活动;

(2) 飞行器的探测、识别及跟踪;

(3) 导弹发射及开火,威胁传播物的飞行和弹头撞击及爆炸。

敏感性的这三部分分别由以下概率来进行测度。威胁是主动地并准备攻击飞机的概率,它包括飞行器被威胁探测的概率 P_D,被识别、跟踪及瞄准的概率 P_C,威胁传播物发射或者开火的发射概率 P_L,威胁击中飞机或者高爆弹头在飞行器附近足够近处爆炸,由杀伤机理击中飞机的概率 P_{Hit},则敏感性 P_H 可以表示为

1

$$P_H = P_D \cdot P_C \cdot P_L \cdot P_{\text{Hit}} \tag{1.1}$$

实际应用时,也常用战斗中被击中飞机数与暴露于敌方威胁中飞机数的比值作为飞机的敏感性。显然容易被敌方武器系统侦察、跟踪、攻击并最终被击中的低空低速飞行的飞机敏感性较高。反之,不易被侦察、追踪和攻击的高空高速飞机以及隐身性能好的飞机敏感性较低。

1.1.2 易损性

飞机易损性是指飞机不能承受损伤机理一次或者多次打击的程度,是指在被敌方火力击中时倾向于严重损伤与毁坏的程度。具有高易损性的飞机是软弱的,具有较低易损性的飞机则是坚韧的。显然飞机易损性越高,则受到打击时越容易被杀伤。易损性由以下因素确定:飞机的低易损性设计以及飞机在承受一次或多次击中时,任何可以减少杀伤数量和损伤效力的生存力手段。易损性是一种条件概率,用飞机被一种或多种损伤机理命中后的损伤的概率 $P_{K/H}$ 表示。实际上,易损性等于损失的飞机数与被击中的飞机数的比值。易损性也可以用易损面积来度量,对结构元件来说,易损面积 A_V 是元件的现有面积 A_P 与元件在被击中一次情况下发生致命损伤的概率 $P_{K/H}$ 的乘积,即

$$A_V = A_P \cdot P_{K/H} \tag{1.2}$$

1.1.3 战伤抢修能力

战伤抢修是在飞机战伤条件下,通过快速修理恢复飞机的使用,以保证飞机具有最大的战斗出动架次。战伤抢修要求在短时间内把战伤飞机恢复到可再次投入战斗的状态,甚至使战伤飞机至少能够再次执行一次作战任务,或能够自行飞到后方修理厂自救。战伤抢修的基本特征是要求"快"和能够满足作战使用要求。

战伤抢修能力取决于三个条件:

(1) 对某些类型的损伤允许进行快速临时修理(包括飞机设计中内建的便于战伤修理的特征);

(2) 维修人员掌握的快速有效修理所需的新技巧和技术;

(3) 战伤抢修所需的材料和物资。

用战伤飞机在特定作战条件下和规定时间内能被修复的概率 $P_{R/U}$ 表示战伤抢修能力。它是一种条件概率,U 表示在一定作战条件下和规定的时间内,R 表示以应急的手段和方法对战伤飞机进行维修。它可表示为

$$P_{R/U} = P(T \leqslant t) \tag{1.3}$$

式中:T 为在一定的作战环境与条件下使装备恢复基本功能的时间;t 为规定的

抢修允许时间。

敏感性考虑的是关于作战飞机被发现和击中的问题,易损性考虑的是关于飞机承受打击的能力,而战伤抢修能力考虑的是战伤飞机的恢复使用,这三者决定作战飞机生存力的三个环节。在被发现和击中的情况下,易损性小的飞机相对不容易被击落,能带伤返回地面,经过抢修后,可恢复作战能力,从而提高了飞机的生存力。

1.2 飞机作战使用生存力的提出

从全寿命周期而言,军用飞机生存力的能力体现在两个方面:一是在设计研制阶段,从技术层面采用高生存力设计技术,如高隐身性、低易损性设计等;二是在作战使用阶段,从技、战术及指挥层面采用高生存力作战使用方式,与之相关的环节和活动包括了战术运用、战场环境(气象环境、电磁环境)下的电子战使用和自主防御系统等。设计制造与作战使用中对飞机生存力高低进行评价的重点并不一致,评价的方法和模型也不同。设计制造中关注的生存力通常考虑的是飞机所面临的威胁的一般性,生存力的高低可以用一些指标来衡量,评价结果倾向于一种定性化的衡量(如某指数的高低);而在作战使用中,飞机生存力的高低往往是用生存概率来表示,这和飞机具体的任务环境以及飞机所遭遇威胁的性能参数紧密相关。对于在设计阶段生存力评价结果优异的飞机,由于作战使用中面对不同的威胁环境,其生存概率未必会高。

在可以提高飞机作战生存力的措施中,有些技术和手段,如易损性缩减技术,通常只能在飞机的设计、制造阶段实施,且一旦实现,在保持飞机内部构造不变的情况下将很难被改变;而对于敏感性缩减技术和对飞机战伤抢修而言,除有些技术手段(如隐身能力)受飞机设计方法和材料影响外,大部分都是在飞机执行任务阶段实施,可以被使用者人为地施加影响,受到使用者的理论及技术水平的制约。因此,从飞机设计和使用、内因与外因的角度考虑,把通常意义下的飞机生存力分为两个部分:固有生存力和作战使用生存力。

飞机固有生存力是指飞机在设计的标准使用条件下、在设计的使用周期内服役时,躲避或承受威胁环境的能力。它是飞机形成过程中通过设计、制造而固化到飞机上的一种固有特性,主要体现在飞机的隐身能力、遭受打击后的抗打击能力和飞机自身的抢修性设计中。

飞机作战使用生存力是指飞机在实际作战使用条件下、在实际的服役周期内完成规定的任务和功能时,躲避或承受威胁环境的能力。它是在飞机动态服役过程中体现出来的一种服役使用特性,主要受使用者和使用环境的影响。飞

3

机作战使用生存力体现了飞机固有生存力在动态服役过程中的发挥水平。

1.3　飞机作战使用生存力影响因素分析

按照固有生存力和作战使用生存力的划分,飞机作战使用生存力影响因素如图1.1所示。

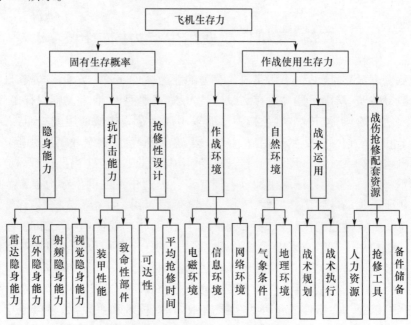

图1.1　飞机作战使用生存力影响因素

1.3.1　固有生存力影响因素

1. 隐身能力

1)雷达隐身能力

在现代战争中,雷达仍是探测飞机时最可靠、最主要的探测手段。飞机的雷达信号是探测雷达能够发现飞机和雷达制导导弹跟踪并击中飞机的最根本的依据,提高飞机的雷达隐身能力可以有效降低飞机的敏感性。飞机的雷达隐身能力可用飞机的雷达反射截面积(RCS)来衡量。RCS与许多因素有关,如目标本身的几何尺寸、形状与材料、雷达观察角、雷达波长及电波的极化等。

飞机上的一些强散射源,对飞机的雷达隐身效果具有重要意义。一般而言,飞机上的强散射源包括:产生镜面反射的表面;产生角反射器效应的表面;飞机

4

上各部件的边缘和尖端；机体上的凸出物和外挂物；发动机的进气道和尾喷口。

2）红外隐身能力

飞机的红外隐身是指利用低发射率涂料、热抑制、屏蔽等措施，降低或改变飞机的红外辐射特征而降低飞机的红外辐射强度与特性，从而实现低可探测性。由红外物理学可知，物体的红外辐射能力主要取决于物体的温度和光谱发射率，因而可用飞机的温度来表征飞机的红外隐身能力。

在喷气式军用飞机上存在以下 4 种比较强的红外辐射源：发动机的尾喷口及其热部件；发动机的尾喷流；飞机蒙皮由于气动加热而引起的红外辐射；飞机受阳光照射后所产生的红外辐射。当从飞机尾部进行探测时，相对于发动机尾喷口的辐射，尾喷流的辐射是次要的；而从飞机的前半部进行探测时，尾喷流已经成为很重要的红外辐射源。气动加热引起的辐射主要是因为在高速飞行时，受空气动力加热，使飞机蒙皮温度升高而产生红外辐射，并随着速度加快，红外辐射强度也随之增大。飞机在阳光照射下引起机体蒙皮增温和发动机部位外表蒙皮温度的升高，也会增加整机的红外辐射强度。

3）射频隐身能力

传统雷达隐身是指目标与雷达探测系统间的对抗概念，射频隐身是指目标与无源探测系统间的对抗概念。无源探测系统可以根据飞机平台上电子设备（系统）辐射的电磁波确定武器的位置（角度和距离）信息。射频隐身是飞机平台上的电子设备针对无源探测系统的隐身技术，属于飞机平台有源或主动信号特征控制范畴。射频隐身技术的研究对象是以机载电子设备为主，通过电子设备辐射能量的自适应控制和发射信号的空域、频域、时域不确定性和低截获波形以及采用综合射频管理等技术手段实现射频隐身。

4）视觉隐身能力

目视发现飞机是最原始、最简单的方法，任何一种飞机都不可避免地被战场参战人员目视发现，从而遭致武器的攻击。飞机的视觉隐身能力主要取决于背景和飞机之间的差异。亮度、色度、杂波和运动四个参数对飞机视觉隐身能力影响非常大，其中最重要的是飞机亮度和背景亮度之间的对比度。飞机亮度是机上所有光源（如外部和座舱的灯光、尾喷口发出的红光）和飞机外表面反射光的总和，可由标准观察仪的亮度功能度量。

2. 抗打击能力

抗打击能力是指飞机遭受敌方威胁机理打击后，具备一定的抵抗能力而不至于产生灾难性的损伤，是飞机易损性的表征。

提高飞机抗打击能力，关键是降低飞机的致命性部件受损伤概率。方法一是采取余度技术，并为部件设置有效的遮挡和防护，此时可用致命性部件比例、致命性部件余度比例、致命性部件遮挡比例、致命性部件平均杀伤概率和致命性部件安全系数等参数来表征飞机的抗打击能力;方法二是采取装甲防护措施,降低来袭损伤机理接触飞机本体时的能量,减轻飞机损伤,此时可用装甲质量或装甲面积来表征飞机的抗打击能力。

3. 抢修性设计

抢修性是飞机的一种特性,其设计水平代表了对飞机实施战伤抢修的难易程度。通常可采用可达性和平均抢修时间来表征飞机抢修性设计水平的高低。

可达性标志着飞机在检查、测试、拆装、调整、清洗、润滑和处理故障时所能触及到部附件的难易程度。可达性好的飞机,不仅可大大降低维修工时,而且可降低维修作业的复杂程度,降低对维修人员的技术要求。衡量飞机可达性的具体指标是飞机的开敞率,即飞机表面可打开窗口盖和维护口盖面积总和占飞机表面积的百分比。开敞率越大,则飞机的可达性越好。

平均抢修时间是指在战场上使损伤装备恢复基本功能所需实际时间的平均值。实际抢修时间包括损伤评估时间和损伤修复时间,通常不包括因指挥或后勤保障原因引起的停机时间。平均抢修时间也可以用实际抢修时间来估计,即抢修时间总和与抢修次数之比:

1.3.2 作战使用生存力影响因素

1. 作战环境

1) 电磁环境

电磁频谱领域主动权的争夺是现代战争的主战场之一。飞机要提高自身的作战使用生存力,就必须提高飞机在复杂电磁环境下的适应能力。

电子对抗是改变飞机所处电磁环境、降低飞机敏感性的一种重要手段,对探测飞机的雷达和攻击飞机的导弹,实施一定的电子干扰,可以显著降低飞机被探测到和被击中的概率。从作战使用的角度看,电磁环境的改变与飞机装备的电子对抗设备以及飞机采取的电子对抗策略直接相关。

飞机安装的电子对抗设备表征了飞机所具备的电子对抗能力,飞机机载电子对抗设备的数目及其效能决定了电子对抗能力的大小。

飞机采取的电子对抗策略,是根据飞机所面临的威胁和战场的实时态势而制定的,这些策略包括电子干扰的类型、电子干扰的强度和电子干扰的时机等。正确合理使用电子对抗策略可有效降低飞机的敏感性。

2) 信息环境

"信息"在军事领域中是指情报。在信息一词盛行之前,情报便是信息的代名词,因此,所谓的信息环境就是情报流通的领域。现代战场瞬息万变,及时更新战场信息,对于确保作战飞机安全、圆满完成任务具有极端的重要性。具体地说,以下几个阶段离不开信息环境的支持:一是战前准备,包括为了解战场的物理、政治、电磁、网络等其他情况而进行的一切活动,进而定义战场的结构和限制条件,制定作战计划,部署武器;二是战场监视和分析,通过连续的战场监视和分析,可以理解敌方各个成分、事件和行为的动态过程,可推断敌方行动和意图的演变过程,充分把握战场综合态势,为飞机提供安全走廊;三是战场形象化;四是战场感知分发,及时、按需把获取的情报分发给各个作战飞机;五是优化作战行动,各参战飞机根据所获情报,全面制定并实时优化作战计划。

3)网络环境

随着信息化建设步伐的加大,计算机网络成为作战行动中不可缺少的环节,"网络中心战"概念的提出更是将网络的作用推到了一个全新的高度。具体从飞机生存力的角度来说,流畅的网络环境可将飞机任务空间中丰富的实体联系起来,将信息优势转变成飞机的战斗力,既可以利用信息优势先发制人,又可以利用网络的共享性大大减轻飞行员的负担,使其专注于确保自身的最佳防守态势,提高生存能力。

2. 自然环境

在飞机的作战使用中,自然环境对飞机生存力的影响是显而易见的,其中气象条件的影响最复杂、最重要。气象条件在飞机活动范围内是天然存在的,只有气象条件良好或恶劣的差别。一般来说,恶劣气象条件下敌方威胁活动程度降低,其作战效能也受到影响,单纯地从生存力的角度看是有利于飞机执行任务的,而良好的气象条件下则不适于飞机的出动。

地理环境中地形对飞机作战使用生存力的影响主要体现在对双方武器装备的遮挡效应,延迟遭遇的时间,增大战斗的突发性。如利用地形隐蔽飞行,则提高了飞机生存力;如威胁系统被地形遮蔽,则遭遇时飞行员反应时间短,生存概率低。水面、土壤以及地表植被覆盖状况作为飞机活动的背景,其反射的雷达和红外信号通常作为杂波信号而影响到飞机的敏感性。

3. 战术运用

1)战术规划

战术规划是要在作战任务确定后,最大限度地融合地形、气象、目标和威胁以及飞机的性能和配置等信息,利用先进的计算机技术,以一种理想的或近似理想的方法为飞行员制定任务实施的计划。战术规划集成了作战飞机、武器、传感器的性能模型以及作战使用的通用样式,基于目标特性确定出最优的武器使用数量和策略,以达到对目标期望的毁伤效果,充分发挥飞机、武器和传感器的作战效能。可以认为,采用战术规划能够最大化飞机的作战灵活性,在防空技术日益先进、防空体系日益完善的现代战争中,战术规划是提高飞机作战效能和生存能力的一种有效手段。在实战中,战术规划的优劣取决于战场指挥员的综合素质。

2)战术执行

一般来说,指挥员制定战术规划后,要依靠飞行员执行。而不同的作战任务中,飞行员执行的不仅包括战前或临时获得的战术命令,还包括飞行员根据战场态势,自主决策执行的所有机动、武器操作等动作。由于战场态势的不确定性,飞行员的技术和心理等素质将最终决定飞行员的战术执行效果。

4. 战伤抢修配套资源

1)战伤抢修人力资源

战伤抢修人力资源主要指战伤抢修人员数量及抢修技术种类和水平。除此之外,在战争条件下,修理人员的精神面貌和生理、心理因素与平时修理不同,战时保障人员必须能够胜任不同于平时维护的抢修工作,如对损伤件的现场制配等。

2)战伤抢修工具

平时飞机维护中用到的一些设备和工具的工作条件在战时难以具备,并且战伤抢修具有紧迫性,所以一些高效、轻巧、通用性强和操作简便的成套工具和常用消耗品也是战伤抢修必需的。

3)战伤抢修备件储备

平时器材备件的供应和储备,通常都是根据正常使用中部件的更换和消耗的规律性而准备的,但战时许多遭到战伤的部件是平时的低故障率件或无故障件,因此合理的抢修备件储备是抢修能力的关键因素之一。

1.4 飞机生存力的提高

提高飞机的生存力,应从固有生存力和作战使用生存力两方面提出可以提高飞机生存力的技术和措施。

1.4.1 固有生存力的提高

固有生存力的提高,主要通过提高飞机的隐身能力、降低飞机的易损性和提高飞机的抢修性设计三个方面来实现。

对应于固有生存力指标,提高飞机的隐身能力可从雷达隐身、红外隐身、射频隐身和视觉隐身等方面入手。要提高飞机的雷达隐身能力,可以通过科学的外形设计并在飞机表面或某些部位涂敷一些雷达吸波或雷达透波材料实现。红外隐身技术包括:一是改变目标的红外辐射特性,即改变目标表面各处的辐射率分布;二是降低目标的红外辐射强度,即通常所说的红外抑制技术;三是调节红外辐射的传播途径(包括光谱转换技术)。红外隐身设计需要注意的区域有暴露的发动机热部件、受热表面、发动机排气装置、尾部排气流、透明的或金属的红外反射表面、内部或外部照明装置等。射频隐身可采用综合射频管理系统,对飞机平台上的各类射频系统在时域、空域和频域能量进行综合管理,通过多平台信息、单平台多传感器信息融合减少有源辐射,根据作战需求和作战场景,精确控制各系统的发射波形、功率大小、发射时间、发射空域和变化策略等来实现。飞机视觉隐身的途径远比雷达及红外复杂,难度也更大,固定翼飞机视觉隐身的主要技术措施有:改变飞机外形的光反射特征;控制飞机的亮度和色度;控制飞机发动机喷口和烟迹信号;控制飞机照明和信标灯光等。

低易损性设计是提高飞机抗打击能力的主要技术手段。低易损性设计的目的是通过设计手段,使飞机能够承受敌方威胁的杀伤破坏机理如战斗部破片、燃烧粒子和冲击波等,确保被击中后飞机的关键部件仍能继续工作。飞机低易损性设计包括结构低易损性和系统低易损性设计。飞机基本结构如机身、机翼和尾翼易被武器击伤,战斗部弹片的杀伤机理及伴随弹片和冲击波的二次杀伤效应必须在飞机结构设计方案选择时予以考虑。在结构设计时要充分考虑结构形式和损伤容限设计,并慎重选择材料。系统低易损性设计则通过在布置系统时充分利用余度与分离、隔离、损伤容限、故障-安全特性及布置与遮挡等技术来实现。

提高飞机战伤抢修性设计可以从以下几个方面进行:提高飞机战伤可达性;提高飞机战伤可测性;提高飞机结构模块化程度;提高飞机战伤结构的互换性;提高飞机战伤结构关键件的余度;提高飞机战伤结构的快捷化修理设计水平等。

1.4.2 作战使用生存力的提高

对于使用方而言,固有生存力的特点是"固有"性,在飞机的使用过程中是不可改变的。作战使用生存力的特点是随每次任务和指挥、飞行、维修人员的不同而异,强调了人的主观因素在作战使用中不可忽视的影响;而且这部分生存力的提高手段和技术是可以在每次任务中多次重复使用的,这是军方使用中关注的重点。军方在飞机使用过程中可以对作战使用生存力施加的积极作用,主要可以从三个方面进行:电子对抗使用策略、战伤抢修和战术运用。

1. 电子对抗

现代战场上电磁环境极其复杂,先进电子对抗技术手段的使用可以显著降低飞机被发现和击中的概率,大大提高飞机在电子战环境下的作战使用生存力,在此主要论述机载电子对抗设备。

(1) 雷达对抗设备。雷达对抗是为削弱、破坏敌方雷达的使用效能所采取的措施和行动的总称。机载雷达对抗装备通过电子侦察可以获取敌方雷达、携带雷达的武器平台和雷达制导武器系统的技术参数及军事部署情报,并利用电子干扰、电子欺骗和反辐射攻击等软、硬杀伤手段,削弱、破坏敌方雷达的作战效能。常见的机载雷达对抗设备有雷达告警接收机、雷达干扰机、箔条投放器、空射诱饵和反辐射弹药等。

(2) 光电对抗设备。光电对抗的作战对象是来袭的光电制导武器、光电侦查装备和高能激光武器系统。机载光电对抗装备多采用被动工作方式,它们依靠接收目标辐射或散射的光波信号,对目标进行侦察、跟踪或寻的,直至将其摧毁。其作战效能体现在:一是可以最大限度削弱、降低,甚至彻底破坏敌方光电武器的作战效能;二是有效地保护己方光电装备和人员免遭敌方干扰而正常发挥作用。常见的机载光电对抗设备有红外(紫外、激光)告警机、红外干扰机、红外诱饵、红外烟幕和激光欺骗干扰器等。

2. 战伤抢修

战伤抢修是为保证飞机具有最大的战斗出动架次,在短时间内把战伤飞机恢复到可再次投入战斗的状态,或者使战伤飞机能够再次执行一次作战任务,甚至使飞机能够自行飞到后方自救。可见,战伤抢修对飞机作战使用生存力的影响体现在对飞机作战能力的"恢复"和"维持"上,有效的战伤抢修可以极大提高飞机的作战使用生存力。概括地说,可以从理论和实践两个方面提高战伤抢修能力。

战伤抢修理论包括战伤理论基础和相关技术,它是指导提高战伤抢修能力的基础。战斗损伤评估、分级,损伤模式及机理研究,损伤概率分析及应急修复技术开发等,是战伤抢修理论的主要研究内容。

战伤抢修的实施离不开维修人员和装备。对维修人员进行必要的培训和训练,使他们牢固掌握抢修技术,并具备良好的精神面貌和过硬的生理、心理素质;研制具有高效、轻巧、通用性强和操作简便等战时使用特点的抢修工具;调整战时维修物资器材的储备结构,提供充足的备件和消耗品,既要满足抢修过程中对装备器材的需求量,又要保证一定的库存量。这些都是提高飞机战伤抢修能力的有效手段。

3. 战术运用

战术是指导和进行战斗的方法,电子对抗、战伤抢修、对自然环境的利用等都可以用对应的战术来指导和执行。

关于战术运用对飞机作战使用生存力的影响,主要是从战场指挥员和飞行员即人的因素(主观条件)角度进行,以往对于飞机生存力的分析基本上没有涉及人的影响。这里提出三种战术运用手段,可以对飞机作战使用生存力的提高起到积极的作用。

（1）作战任务规划。现代战场环境复杂多变,要想提高飞机的作战生存力、圆满完成作战任务,应利用陆、海、空、天一体化的侦察预警和指挥控制系统,详尽地了解敌情及威胁,制定周密的作战计划,尽可能杜绝因战场环境陌生和计划疏漏而导致的作战损失。

（2）低空超低空突防。由于地形和地面建筑物的遮蔽以及地杂波的影响,在执行对地攻击任务时,超低空飞行有利于隐蔽接敌,推迟敌方的发现时间,出其不意地袭击目标,减小敌导弹和各类枪炮对飞机的威胁,对飞机生存力的提高起到积极作用,而且低空突防便于识别小目标和伪装,提高攻击的准确性。

（3）合理的机动。作战时进行必要且正确的机动,从进攻的角度看可以使飞机抢占有利的位置和角度,获得战斗的主动权;从防御的角度看,及时合理的规避机动可以避免或降低遭受敌方威胁探测和打击的可能性。

第2章
维修性对飞机生存力影响分析

维修性主要影响飞机的战备完好性,战伤抢修能力则主要影响飞机的战斗损伤再生能力,它们是装备持续战斗力的重要因素。从飞机的作战使用而言,生存力的目标在于:一是能够防止或承受敌方的攻击;二是能够对敌方实施攻击。后者即恢复与敌重新交战的能力,也就是飞机抢修所要努力实现的。改进维修性,可以减少飞机在地面的维护和修理的停机时间以及飞机再次出动的时间,能提高飞机的出动率;同时还可减少飞机战场修理时间,提高飞机再次投入作战的能力,从而提高飞机的生存能力。

2.1 维修性基本概念

维修性可以视为在工程设计中设计出来的一种系统固有特性,这种固有的系统特性决定了将系统维持在(或恢复到)给定使用状态所需的维修工作量。

按照 GJB451—90,维修性的定义为:产品在规定的条件下和规定的时间内,按规定的程序和方法进行维修时,保持或恢复到规定状态的能力。

从上述维修性定义可知:维修性主要考虑的是尽量减少装备的维修时间,使其在发生故障后及时得到恢复;维修性不但与系统的设计特点有关,而且受维修人员水平、维修程序、维修方法以及维修环境等因素的影响。

2.2 维修性度量方法

对于维修性优劣程度的度量,通常有定性和定量两种描述方法。对于不便采用量化指标进行描述的维修性要求,一般用定性要求来描述。维修性定性描述包括：①可达性优劣；②标准化和互换性程度；③防差错措施及识别标记的完善程度；④测试性优劣；⑤是否满足零部件的可修复性要求；⑥能否保证维修安全性；⑦是否符合维修人素工程要求；⑧维修工作量和维修技能要求等。

此外，为了便于直接度量维修性的优劣程度，需要建立维修性数学模型对维修性进行定量分析。

2.2.1　维修性函数

维修性的特征量为概率参数，其随工作时间变化的规律可以通过维修性函数来描述。维修性函数主要包括维修度、维修密度和修复率等。

1）维修度

维修性的基本量化度量指标为维修度。维修度是指系统在规定条件下和规定的时间内，按规定的程序和方法进行维修时，保持或恢复到规定状态的概率。维修度既可以表示为完成一定百分比的所有系统故障的修复工作所需的时间 T 的度量，也可以表示为故障发生后，在时间 T 限度内恢复到工作状态的概率 P，即

$$M(t) = P(\tau \leqslant t) \tag{2.1}$$

式中：τ 为在规定约束条件下完成维修的时间；t 为规定的维修时间。

由式（2.1）可知维修度为维修时间的递增函数，且 $M(0) = 0, M(\infty) \to 1$。

$M(t)$ 还可以表示为

$$M(t) = \lim_{n \to \infty} \frac{n(t)}{N} \tag{2.2}$$

式中：N 为送修飞机总数；$n(t)$ 为 t 时间内完成维修的飞机数。

在工程实践中，当 N 为有限值时，可用估计量 $\widehat{M(t)}$ 近似地表示 $M(t)$，即

$$\widehat{M(t)} = \frac{n(t)}{N} \tag{2.3}$$

2）维修时间密度函数

维修度 $M(t)$ 是 t 时间内完成维修的概率，则其概率密度函数，即维修时间密度函数，可表达为

$$m(t) = \frac{\mathrm{d}M(t)}{\mathrm{d}t} = \lim_{\Delta t \to 0} \frac{M(t + \Delta t) - M(t)}{\Delta t} \tag{2.4}$$

由式（2.4）可得

$$m(t) = \lim_{\substack{\Delta t \to 0, \\ N \to \infty}} \frac{N(t + \Delta t) - N(t)}{N \Delta t} \tag{2.5}$$

由式（2.5）可知，维修概率密度函数是单位时间内产品被修复的概率。

在工程实践中,当 N 为有限值且 Δt 为一定时间间隔时,可用估计量 $\widehat{m(t)}$ 近似地表示 $m(t)$,即

$$\widehat{m(t)} = \frac{N(t + \Delta t) - N(t)}{N\Delta t} \tag{2.6}$$

3) 修复率

修复率 $\mu(t)$ 是单位时间内瞬态修复的概率,可表达为

$$\mu(t) = \lim_{\substack{\Delta t \to 0 \\ N \to \infty}} \frac{N(t + \Delta t) - N(t)}{[N - N(t)]\Delta t} \tag{2.7}$$

修复率反映瞬时状态,是一种修复速率,其意义为单位时间内完成维修的次数,可用规定条件下和规定时间内完成维修的总次数与维修总时间之比表示。

在工程实践中,当 N 为有限值且 Δt 为一定时间间隔时,可用估计量 $\widehat{\mu(t)}$ 近似地表示 $\mu(t)$,即

$$\widehat{\mu(t)} = \frac{N(t + \Delta t) - N(t)}{[N - N(t)]\Delta t} \tag{2.8}$$

2.2.2　维修性参数

由以上维修性的基本度量,可以推演出一些在工程实践中更为直观、实用的维修性度量指标。

在各类系统中,维修性指标主要以维修时间作为度量尺度,此外还可以维修工时、维修费用作为度量尺度。

1) 维修时间参数

(1) 平均修复时间(MTTR 或 $\overline{M}_{ct}$)度量方法为:在规定条件下和规定的时间内,在规定的修复级别上,维修总时间与该级别上被修复产品的故障总数之比,即

$$\overline{M}_{ct} = \frac{\sum\limits_{i=1}^{n} \lambda_i \overline{M}_{cti}}{\sum\limits_{i=1}^{n} \lambda_i} \tag{2.9}$$

式中: n 为组成某系统的可修复单元数; λ_i 为系统中第 i 个可修复单元的故障率; $\overline{M}_{cti}$ 为第 i 个可修复单元的平均修复时间。

排除故障的实际时间包括准备、故障检测隔离、拆卸、换件、安装、调试、检验及原件修复等时间,而不包括保障修复活动正常进行所需的管理或后勤环节所

耗时间。

（2）中位修复时间 $\tilde{M}_{ct}$ 是指能够完成全部修复工作的 50% 所需的时间。

（3）最大修复时间 M_{maxct} 是指完成全部修复工作的某个规定的百分数（通常为 90% 或 95%）所需的时间。

2）维修工时参数 M_l

最常用的维修工时参数是产品每个工作小时的平均维修工时，又称维修性指数或维修工时率。

3）维修费用参数

最常用的维修费用参数是年平均维修费用和每个工作小时的平均维修费用或备件费用参数。

2.3　维修性对飞机作战生存力影响分析

2.3.1　维修性与生存力之间关系

通常，飞机生存力的两个基本要素敏感性和易损性是针对单机而言，易损性和敏感性决定了一架飞机的生存力。事实上，现代战争是一种体系的对抗，飞机作战往往是大规模的机群作战。就飞机机群而言，生存力则与维修性有关。

敏感性考虑的是关于飞机被发现和击中的问题，易损性考虑的是关于飞机承受打击的能力，而维修性考虑的是飞机的可用度。因此，从整体作战使用来说，这三者是决定飞机生存力的三个环节。

改进维修性，可以减少飞机在地面的维护和修理的停机时间以及飞机再次出动的时间，能提高飞机的出动率；同时还可减少飞机战场修理时间，提高飞机再次投入作战的能力，相当于增加了任务需要时刻可投入使用状态的飞机的数量，从而提高机群作战的生存力。因此，提高飞机的维修性是增强飞机生存力的重要途径之一。

2.3.2　维修性对飞机作战生存力的影响模型

用机群可用度 A 描述在任一随机时刻，当任务需要时，机群在任务开始时刻处于可投入使用状态的飞机数与机群总数的比值。

在建立维修性对飞机机群生存力的影响模型之前，假设机群可用度 A 为常数，飞机在后一次出动前的机群可用度不会受到前一次出动的影响。

送修飞机总数可以表示为

$$N = (1 - A)N_{\text{all}} \tag{2.10}$$

式中：N_{all} 为机群飞机总数。

现在考虑飞机修复率，即通过送修飞机单位时间内瞬态修复的概率。任务开始时，单位时间内修复飞机数为送修飞机总数与维修率的乘积，即 $N\mu$。

飞机机群作战生存力用生存概率 $P_f(t)$ 来度量，即

$$P_f(t) = \frac{AN_{all} + N\mu(t)}{N_{all}}$$

$$= \frac{AN_{all} + (1-A)N_{all}\mu(t)}{N_{all}}$$

$$= A + (1-A)\mu(t) \qquad (2.11)$$

式中：μ 为修复率。

由式（2.11）可以看出，在飞机机群可用度一定的条件下，修复率越高，对提高飞机机群生存力的作用就越大。

2.4　战伤抢修对飞机作战生存力的影响分析

2.4.1　战伤抢修性与生存力之间关系

战伤抢修性是指在作战条件下和规定的时间内，以应急的手段和方法维修，使损伤的飞机能够迅速地恢复到其完成某种任务所需的功能或能够自救的能力。由定义可以看出，战伤抢修性与维修性和保障性有关。抢修性是维修性重要分支，抢修性是遭受损伤的装备能被迅速进行有效的应急修复的性能，是维修性在战场上的一种表现。

经验显示，战争中战伤飞机的数量远远超过战损飞机的数量。不修理时，战伤的飞机也就是损失的飞机；而修复之后，可以再投入战斗，补充战斗实力，提高飞机作战生存力。

图 2.1 为 1973 年中东战争中以色列空军战损、战伤以及修复好的累积飞机数目随持续战斗天数的变化关系曲线。战损与战伤之比由开始的 1∶3 发展到后来的 1∶7。战争的第三天，60 架战伤飞机有 40 架经过修复，投入战斗，余下 20 架未能修复。但战争持续到两周时，战伤的飞机除 3 架外均得到修复，使作战飞机得以再生，始终保持一定的飞机战斗出动架次。如果以色列空军没有修复战伤飞机的能力，第 8 天就完全丧失了战斗力。

可见，战伤抢修能保持一定的飞机作战生存力，是战斗力的倍增器。战伤抢修对飞机作战生存力具有重要作用。

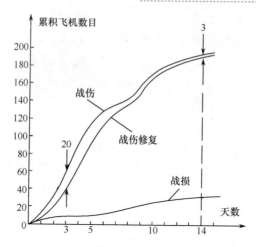

图 2.1　战损、战伤及修复飞机数量变化情况

2.4.2　战伤抢修能力对飞机作战生存力影响模型

1. 数学描述

飞机的损伤率 P_D 由战伤率 P_{D1} 和战损率 P_{D2} 组成。战伤飞机数与损伤飞机数的比值可用 α 表示，α 一般与作战环境和战机性能等因素有关。如在越南战争中，美军的 F-4 战斗机每损失 1 架，就有 4 架是带伤返回的，其 α 为 0.8。因此可以假设

$$P_{D1} = \alpha P_D \quad P_{D2} = (1 - \alpha) P_D \tag{2.12}$$

式中：α 为系数，在给定的战争环境下，对于同一种战斗机来说为常数。

若只考虑飞机的敏感性 P_H 和易损性 $P_{K/H}$，则飞机参加一次战斗后，其损伤率 P_D 为

$$P_D = P_{K/H} P_H \tag{2.13}$$

则飞机生存率 P_{S1} 为

$$P_{S1} = 1 - P_D = 1 - P_{K/H} P_H \tag{2.14}$$

飞机出动两次后，飞机的生存率 P_{S2} 为

$$P_{S2} = P_{S1}(1 - P_D) = (1 - P_{K/H} P_H)^2 \tag{2.15}$$

可以推算，飞机经过 n 次出动后，其生存率 P_{Sn} 为

$$P_{Sn} = (1 - P_{K/H} P_H)^n \tag{2.16}$$

现在考虑飞机的战伤抢修能力 $P_{R/U}$，即通过战伤抢修使损伤飞机恢复到具有一定功能。一次出动并经过战伤抢修后，飞机的生存率 P_{S1} 为

$$P_{S1} = 1 - P_{K/H} P_H + P_{R/U}(\alpha P_D) = 1 - P_{K/H} P_H + \alpha P_{R/U} P_{K/H} P_H \tag{2.17}$$

式中：$\alpha P_{R/U} P_{K/H} P_H$ 表示在一次出动中受到战伤的飞机经过抢修后能恢复到执行

下一次任务的能力的概率。

二次出动并经过战伤抢修后,飞机的生存率 P_{S2} 可以表示为

$$P_{S2} = P_{S1}(1 - P_{K/H}P_H) + P_{S1}P_{R/U}(\alpha P_D)$$
$$= (1 - P_{K/H}P_H + \alpha P_{R/U}P_{K/H}P_H)^2 \tag{2.18}$$

可以推算,飞机经过 n 次出动后,其生存率 P_{Sn} 为

$$P_{Sn} = (1 - P_{K/H}P_H + \alpha P_{R/U}P_{K/H}P_H)^n \tag{2.19}$$

若用概率 $\triangle P$ 表示战伤抢修能力对飞机作战生存力的影响,则 $\triangle P$ 为经过战伤抢修后的生存率与未考虑战伤抢修的生存率的差值,可表示为

$$\triangle P = \begin{cases} \alpha PP_{K/H}P_H & \text{一次出动并经过战伤抢修后} \\ (1 - P_{K/H}P_H + \alpha P_{R/U}P_{K/H}P_H)^2 - (1 - P_{K/H}P_H)^2 & \text{二次出动并经过战伤抢修后} \\ \vdots \\ (1 - P_{K/H}P_H + \alpha P_{R/U}P_{K/H}P_H)^n - (1 - P_{K/H}P_H)^n & n\text{ 次出动并经过战伤抢修后} \end{cases}$$
$$\tag{2.20}$$

由式(2.19)可以看出:一方面,在一定的飞机易损性与敏感性条件下,战伤抢修能力越大,对飞机作战生存力的提高就越大;另一方面,在战伤抢修能力 $P_{R/U}$ 一定时,损伤率越大(即敏感性 P_H 与易损性 $P_{K/H}$ 乘积越大),战伤抢修能力对飞机作战生存力的提高也越大。战伤抢修能力对飞机作战生存力的影响不仅由其本身决定,很大程度上也取决于飞机的易损性与敏感性。

2. 算例分析

假设有一批飞机参加战斗,每次出动其战损率为3%,战伤率为15%。现在考虑战伤抢修能力对飞机作战生存力的影响,飞机作战生存力用生存率 P_S 表示。

通常,战伤抢修能力分为三级。

(1)无抢修能力。战伤飞机即战损飞机,$P_{R/U}$ 为 0。

(2)中等抢修能力。抢修人员在下一次出动前修复 50% 的战伤飞机,此条件下 $P_{R/U}$ 为 0.5。

(3)良好抢修能力。抢修人员在下一次出动前能修复 50% 的战伤飞机,在再下一次出动前能修复 30% 的战伤飞机。因此,良好抢修能力有两个值,在第二次出动前 $P_{R/U}$ 为 0.5,而在第二次以后的出动前 $P_{R/U}$ 为 0.8。

由已知条件可知,损伤率 P_D 为18%,α 为 0.833。在计算中要注意的是,良好战伤抢修能力在第二次出动前与中等战伤抢修能力一样,$P_{R/U}$ 为 0.5,只有在第二次出动后才为 0.8。由式(2.16)、式(2.17)、式(2.18)、式(2.19)计算在不同级别战伤抢修能力下飞机生存率 P_S 及战伤抢修能力对飞机作战生存力的影响 $\triangle P$ 随出动次数的变化,计算得 P_S 及 $\triangle P$ 随出动次数的变化的具体数据如表

2.1 和表 2.2 所列, P_S 随出动次数的变化情况如图 2.2 所示。

表 2.1　不同战伤抢修能力下 P_S 随出动次数的变化数据

出动次数	1	2	3	4	5	6	7	8	9	10
P_S(无)	0.82	0.67	0.55	0.45	0.37	0.30	0.25	0.20	0.17	0.14
P_S(中等)	0.82	0.75	0.67	0.61	0.55	0.50	0.45	0.41	0.37	0.33
P_S(良好)	0.82	0.75	0.72	0.68	0.65	0.61	0.58	0.55	0.53	0.50

表 2.2　不同战伤抢修能力下 ΔP 随出动次数的变化数据

出动次数	1	2	3	4	5	6	7	8	9	10
ΔP_S(中等)	0	0.08	0.12	0.16	0.18	0.20	0.20	0.21	0.20	0.19
ΔP_S(良好)	0	0.08	0.17	0.23	0.28	0.31	0.33	0.35	0.33	0.36

　　图 2.2 所示为不同级别战伤修理能力下 P_S 随出动次数的变化曲线,它与美国军方实验得到的变化曲线十分接近。

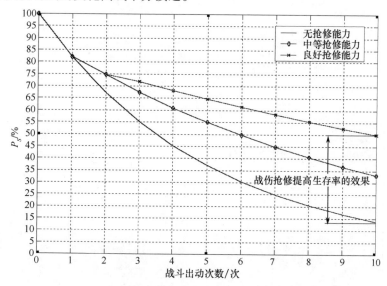

图 2.2　不同战伤抢修能力下 P_S 随出动次数的变化情况

　　计算结果分析可知:如果不进行战伤抢修,在持续的战斗出动中飞机很快就会丧失其生存力,无法把战斗进行下去;良好的战伤抢修,是保持一定的飞机生存力的关键因素,是飞机战斗力的重要保证。

2.5　基于维修性的飞机作战生存概率分析

　　在建立飞机机群作战生存概率模型之前,首先提出如下假设。

（1）飞机的敏感性和易损性在每次出动中均为常数，飞机在后一次出动中的敏感性和易损性不会受到前一次出动的影响。

（2）除去任务出动损伤的飞机，剩余飞机机群可用度 A 为常数。

（3）假设抢修修复后的飞机维修性、敏感性和易损性与被击伤前无异，即与飞机机群中无损伤飞机的性能无异。

（4）生存的飞机均参与任务行动。

考虑战伤抢修和一般维修对军用飞机机群生存概率的影响，飞机机群的生存概率为

$$
P_{AF} = \begin{cases}
A + (1 - A)\mu(t_1) & \text{第1次出动时} \\[2mm]
\begin{aligned}
&A[1 - P_f(t_1)P_{K/H}P_H] + \mu(t_2)(1 - A)[1 - P_f(t_1)P_{K/H}P_H] + \\
&\alpha_1 Q_{11} P_{K/H} P_H P_f(t_1)
\end{aligned} & \text{第2次出动时} \\[4mm]
\begin{aligned}
&A\big[1 - P_f(t_1)P_{K/H}P_H - P_f(t_2)P_{K/H}P_H + \alpha_1 Q_{11}P_{K/H}P_H P_f(t_1)\big] + \\
&\alpha_2 Q_{21} P_{K/H} P_H P_f(t_2) + \alpha_1 Q_{12}(1 - Q_{11}) P_{K/H} P_H P_f(t_1) + \\
&\mu(t_2)(1 - A)\big[1 - P_f(t_1)P_{K/H}P_H - P_f(t_2)P_{K/H}P_H + \alpha_1 Q_{11}P_{K/H}P_H P_f(t_1)\big]
\end{aligned} & \text{第3次出动时} \\
& \cdots \\[2mm]
\begin{aligned}
&A\Big[1 - \sum_{j=1}^{i-1} P_f(t_j)P_{K/H}P_H + \sum_{j=1}^{i-2}\sum_{k=1}^{i-1-j} \alpha_j Q_{jk}P_{K/H}P_H P_f(t_j)\prod_{l}^{k-1}(1 - Q_{jl})\Big] + \\
&\sum_{j=1}^{i-1} Q_{j(i-j)}\alpha_j P_{K/H}P_H P_f(t_j)\prod_{l}^{i-j-1}(1 - Q_{jl}) + \\
&\mu(t_i)(1 - A)\Big[1 - \sum_{j=1}^{i-1} P_f(t_j)P_{K/H}P_H + \\
&\sum_{j=1}^{i-2}\sum_{k=1}^{i-1-j} \alpha_j Q_{jk}P_{K/H}P_H P_f(t_j)\prod_{l}^{k-1}(1 - Q_{jl})\Big]
\end{aligned} & \text{第}i\text{次出动时} \\
& \cdots \\[2mm]
\begin{aligned}
&A\Big[1 - \sum_{j=1}^{n-1} P_f(t_j)P_{K/H}P_H + \sum_{j=1}^{n-2}\sum_{k=1}^{n-1-j} \alpha_j Q_{jk}P_{K/H}P_H P_f(t_j)\prod_{l}^{k-1}(1 - Q_{jl})\Big] + \\
&\sum_{j=1}^{n-1} Q_{j(i-j)}\alpha_j P_{K/H}P_H P_f(t_j)\prod_{l}^{n-j-1}(1 - Q_{jl}) + \\
&\mu(t_i)(1 - A)\Big[1 - \sum_{j=1}^{n-1} P_f(t_j)P_{K/H}P_H + \\
&\sum_{j=1}^{n-2}\sum_{k=1}^{n-1-j} \alpha_j Q_{jk}P_{K/H}P_H P_f(t_j)\prod_{l}^{k-1}(1 - Q_{jl})\Big]
\end{aligned} & \text{第}n\text{次出动时}
\end{cases}
$$

式中：t_i 为第 i 次出动时刻；$\mu(t_i)$ 为第 i 次出动时刻瞬时修复率；α_i 为第 i 次出动

中战伤与损伤飞机数之比；$Q_{ij} = \left(\int_{t_{i+j-1}}^{t_{i+j}} q_i(t)\,\mathrm{d}t \right)$ 为从 $i+j-1$ 出动到第 $i+j$ 次出动前对第 i 次出动时战伤飞机的抢修度。

由此可知，飞机机群作战生存概率由三部分共同决定：①任务出动时刻剩余机群中可用飞机数与总的机群飞机数之比；②任务出动时刻剩余机群中瞬时修复飞机数与总的机群飞机数之比；③任务出动时刻历次战伤飞机在前次出动后到此次出动前抢修恢复飞机数与总的机群飞机数之比。

在飞机敏感性与易损性一定的条件下，战伤抢修能力越大、瞬时修复率越高，对提高飞机作战生存力的作用就越大。

下面结合算例计算飞机机群的生存概率。

假设飞机机群可用度 0.9，飞机损伤概率 $P_{K/H}P_H$ 为 0.4，战伤飞机数与损伤飞机数的比值 α 为 0.8，任意时刻瞬时修复率 $\mu(t_i)$ 均为 0.01，抢修度 Q_{ij} 均为 0.6，由此得：$P_{AF}(t_1) = 0.9010$，$P_{AF}(t_2) = 0.7493$，$P_{AF}(t_3) = 0.6752$，$P_{AF}(t_4) = 0.6256$，$P_{AF}(t_5) = 0.5849$。

当不考虑维修性对机群生存力的影响时，计算得到 $P_{AF}(t_1) = 0.9$，$P_{AF}(t_2) = 0.576$，$P_{AF}(t_3) = 0.3686$，$P_{AF}(t_4) = 0.2359$，$P_{AF}(t_5) = 0.151$；当只考虑战伤抢修性而不考虑一般维修性对机群生存力的影响时，计算得到 $P_{AF}(t_1) = 0.9$，$P_{AF}(t_2) = 0.7128$，$P_{AF}(t_3) = 0.5645$，$P_{AF}(t_4) = 0.4471$，$P_{AF}(t_5) = 0.3541$。

图 2.3 为上述 3 种模型下 P_{AF} 随出动次数的变化曲线，对比可知维修性对机

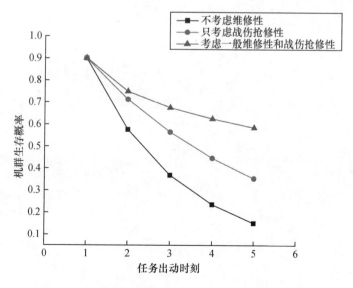

图 2.3　3 种模型下机群生存概率随出动次数的变化

群生存概率具有较大影响。如果不进行维修,在连续的战斗任务出动中军用飞机机群很快就会丧失生存力。良好的维修性和战伤抢修能力是保持机群作战生存力的重要因素。

第3章
作战环境对飞机生存力的影响分析

这里研究的作战环境,不包含作战范围内天然存在的自然环境因素,而是指敌我双方由于作战需要而人为施加的环境因素,特指电磁环境。随着科学技术的发展,电磁应用技术已广泛渗透到军事领域各个方面。现代战场上大量使用的电子信息装备,不仅数量庞大、体制复杂、种类多样,而且功率大,使得战场空间中的电磁信号非常密集。要研究实际战场环境下的飞机生存力变化,就必须考虑复杂电磁环境对飞机生存力的影响,尤其是电子战战术的正确使用,将对飞机作战使用生存力的提高产生积极作用。

3.1 雷达干扰对飞机生存力的影响

在现代战争中,通过雷达干扰而提高飞机生存力的手段主要有两种:一是干扰非终端威胁类的雷达,如警戒雷达,破坏它对目标的探测,使它接收不到正确的飞机目标信息,影响雷达的发现概率或探测距离,由此来降低敌方雷达系统的作战效能,进而提高飞机的生存能力;二是干扰终端威胁类的雷达,如导弹雷达,增大其跟踪误差,或者使跟踪系统不能正常工作而造成导弹脱靶,大大降低导弹的命中概率。

3.1.1 对警戒雷达的干扰分析

警戒雷达在飞机杀伤链中的作用体现在对飞机的探测和发现上,因而要分析警戒雷达干扰后对飞机生存力的影响,主要在于分析雷达探测概率受电子干扰的影响。

1. 雷达探测概率

现代战场环境下,警戒雷达对目标的探测总是在一定的噪声环境下进行,雷达要在一定的信号能量与噪声能量之比即信噪比下完成对目标脉冲的探测。当目标落入雷达波瓣时,在雷达荧光屏上能否检测出目标信号,取决于雷达接收到的信噪比大小。如果信噪比超过检测门限,则可以保证在一定虚警概率的条件下达到一定的检测概率,简称为可发现目标,否则便认为不可发现目标。一般来说,雷达探测概率是信噪比的增函数。常规雷达为了改善雷达的检测能力,采用脉冲积累,即把多个脉冲迭加起来的办法来有效地提高雷达的信噪比。雷达的探测概率就是信噪比 S/N、脉冲积累数 n、门限 y_0 的函数。

当雷达遭受人为干扰时,用目标信号能量与干扰能量之比即信干比来代替信噪比。若雷达探测的是运动目标,在一定虚警概率下,一次扫描对目标的探测概率 P_d 为

$$P_d = \int_0^\infty e^{-t} \left\{ 1 - \varphi \left[\frac{y_0 - n_0 \left(1 + \frac{S}{N+J} t \right)}{\sqrt{n_0 \left(1 + 2 \frac{S}{N+J} t \right)}} \right] \right\} dt \tag{3.1}$$

式中: $\varphi(x) = \frac{1}{\sqrt{2\pi}} \int_{-\infty}^x e^{-\frac{t^2}{2}} dt$; $\frac{S}{N+J}$ 是雷达天线输入端的信干比; n_0 为一次扫描脉冲积累数; y_0 为虚警时的检测门限。当 $P_{fa} = 10^{-6}$ 时,有

$$y_0 = n_0 + 4.75 \sqrt{n_0} \tag{3.2}$$

n_0 可表示为

$$n_0 = \begin{cases} \dfrac{\varphi_b f_r}{6\Omega\cos\theta_e} & \text{两坐标雷达} \\[3mm] \dfrac{\varphi_b \theta_b f_r}{6\omega_v t_v \Omega\cos\theta_e} & \text{三坐标雷达} \end{cases} \tag{3.3}$$

式中: φ_b 为水平波束宽度; θ_b 为垂直波束宽度; ω_v 为垂直扫描角速度; t_v 为垂直扫描周期; f_r 为脉冲重复频率; Ω 为天线转速; θ_e 为天线指向目标的仰角。

目标探测概率是个累积的现象,随着探测时间的推移,雷达对目标的扫描次数是增长的, s 次扫描后目标被探测到的概率 P_D 为

$$P_D = 1 - (1 - P_d^{(1)})(1 - P_d^{(2)})(1 - P_d^{(3)}) \cdots (1 - P_d^{(s)}) \tag{3.4}$$

如果雷达每次扫描的探测概率为常量 P_d 时,则经过 s 次扫描后的目标被探测到的概率 P_D 为

$$P_D = 1 - (1 - P_d)^s \tag{3.5}$$

2. 信干比计算

信干比的参数包括三部分:目标回波信号、雷达内部噪声信号和干扰信号。

目标飞机回波信号功率可表示为

$$P_{rs} = \frac{P_t G_t G_r F_t^2 F_r^2 \lambda^2 \sigma}{(4\pi)^3 R^4 L_s L_a} \tag{3.6}$$

式中：P_t 为雷达发射功率；G_t、G_r 分别为发射、接收天线功率增益（收发共用天线时两者相等）；F_t、F_r 为雷达方向图传输因子；λ 为雷达工作波长；σ 为目标雷达反射截面积（RCS）；R 为雷达到目标的距离；L_s 为信号传输和处理过程中雷达系统的损耗；L_a 为大气损耗。

雷达接收机输出噪声包括外部天线噪声和自身工作时产生的内部噪声。一般来说，接收机噪声模型可以表示为正态分布随机过程，其均值为 0，方差为 σ_n^2。方差是噪声信号的平均功率，即

$$P_n = \sigma_n^2 = kT_0 B_n F_n \tag{3.7}$$

式中：$k = 1.38 \times 10^{-23} \mathrm{J/K}$ 为玻尔兹曼常数；$T_0 = 290\mathrm{K}$；B_n 为接收机的噪声带宽；F_n 为噪声系数，取值范围一般约为 0～15dB。

雷达接收到的干扰信号来源和干扰方式多种多样，例如可把雷达干扰分为有源远距支援式干扰、有源伴随式干扰、无源压制式干扰、无源欺骗式干扰等等，因而计算干扰信号功率的方法不同。

3.1.2　对制导雷达的干扰分析

针对导弹雷达制导控制环节进行的干扰，既可以采用有源压制式干扰，也可以采用有源欺骗式干扰，大多是采用欺骗式干扰。对导弹跟踪雷达的欺骗性干扰是指辐射源产生与有用信号相同或类似的有源信号，使导引头跟踪系统产生跟踪、定位错误和测量混乱，使跟踪系统跟踪假目标或同时跟踪真假目标，产生很大的跟踪误差而脱靶，从而使导弹击中概率下降。分析制导雷达受干扰后对飞机生存力的影响，主要在于分析击中概率受电子干扰的影响。

对于常见的近炸式引信高能战斗部，其击中飞机的概率是脱靶距离标准差 σ 和飞机迎击面积 A_p 的函数。简化方法是把飞机的迎击面积看做一个半径为 r_0 的圆，如脱靶距离的分布关于目标瞄准点为圆对称，则导弹对飞机的击中概率可表示为

$$P_L = \frac{A_P}{2\pi\sigma^2 + A_P} \tag{3.8}$$

存在电子干扰时，使用单脉冲跟踪雷达的导弹其脱靶距离标准差可表示为

$$\sigma = \sqrt{\frac{AR^2 + B}{S/(J+N)} + C} \tag{3.9}$$

$$A = \frac{\theta_{0.5}^2}{k_m^2 L_m f_r / \beta_n}$$

$$B = \frac{(150\tau)^2}{k_r^2 L_m f_r / \beta_m}$$

$$C = \sigma_g^2 = (CEP / \sqrt{2\ln 2})^2$$

式中:$\theta_{0.5}$为半功率波束宽度;k_m为差波束归一化斜率;f_r为雷达脉冲重复频率;β_n为伺服系统等效噪声带宽;L_m为中频响应匹配损失;τ为雷达发射信号脉冲宽度;β_m为测距回路等效噪声带宽;k_r为测距机的归一化斜率;CEP为导弹的圆概率误差;R为雷达距目标的距离。

从式(3.1)、式(3.8)、式(3.9)可见,无论是对警戒雷达还是制导雷达,雷达干扰的根本原因都是对雷达接收到的信干比产生了影响,消弱了雷达对目标信号的处理能力,因而威胁效能下降,飞机生存概率得到提高。

3.2 红外干扰对飞机生存力的影响

类似于雷达干扰对飞机生存力的影响,红外干扰的作用也体现在改变红外威胁工作的电磁环境、降低红外威胁系统的作战效能。红外威胁系统工作过程中涉及到三个对象:红外系统本身、红外辐射传输通道和红外辐射源。在常见的红外干扰方式中,对红外威胁系统的干扰主要采用红外干扰机,对红外辐射传输通道的干扰主要采用红外烟幕,对红外辐射源的干扰主要采用红外诱饵弹。

3.2.1 红外干扰机干扰机理

红外干扰机是一种有源干扰装置,对红外制导导弹进行干扰时,其干扰机理与导弹的导引机理密不可分。它通常被安装在被保护平台上,使平台免受红外导弹的攻击,既可以单独使用,也可以与告警设备或其他设备交联,构成自卫系统。

对于带有调制盘的红外制导导弹,目标通过光学系统在焦平面上形成一个"热点",调制盘和"热点"相对运动,使得热点在调制盘上扫描而被调制,目标视线与光轴的偏角信息也包含在通过调制盘后的红外辐射能量中。经过调制盘调制的目标红外能量被导弹探测器接收,形成电信号,在经过信号处理而得到目标与寻的器光轴的夹角偏差或该偏差的角速度变化量,作为制导修正依据。当红外干扰机发射干扰信号后,其信号也聚集在"热点"附近,并同样被调制、吸收;当干扰机的能量变化规律与调制盘对"热点"的调制规律相近或影响了调制盘对"热点"的调制规律时,偏差信号出错,致使导弹舵机偏转出现错乱,从而达到了干扰的目的。

为了改进传统的红外干扰机由于采用全向辐射体制而对载机供电提出的过

高要求,并获得更远的有效干扰距离,定向红外干扰技术应运而生。与传统干扰机不同,定向红外干扰机是将红外干扰光源的能量聚集在导弹到达角的小立体角内,瞄准导弹的红外导引头定向发射,使干扰能量汇聚在红外导引头上,从而干扰红外导引头上的探测器和电路,使导弹丢失目标。

3.2.2 红外烟幕干扰机理

红外烟幕对红外辐射的作用机制一般包括以下两个方面:一是干扰作用,即利用烟幕本身发射的更强的红外辐射,将目标及背景的红外辐射遮盖,干扰热成像或其他探测设备的正常显示,结果呈现烟幕本身的一片模糊景象;二是消弱作用,即利用烟幕中大量的微粒对目标和背景的红外辐射产生吸收、散射和反射作用,使进入红外探测器的红外辐射能低于分辨率,起到保护目标不被发现的效果。当烟幕粒子的直径等于或略大于入射波长时,其消弱作用最强;当烟幕浓度达到 $1.9\mathrm{g/m^3}$ 时,对红外辐射能消弱 90% 以上;浓度更高时,红外甚至可以完全屏蔽掉目标发射和反射的红外信号。信号透过烟幕形成的气溶胶体系的透过率可表示为

$$\tau_a = \exp - \{ [k(\lambda) + \gamma(\lambda) + r(\lambda)R\rho] \} \tag{3.10}$$

或 $$\tau_a = \exp(- k_e R\rho) \tag{3.11}$$

式中:$k(\lambda)$、$\gamma(\lambda)$、$r(\lambda)$ 为红外烟幕的吸收、散射、反射系数,均为红外信号波长的函数;R 为红外信号经过红外烟幕体系的光程;ρ 为气溶胶浓度;k_e 为红外烟幕材料的消光系数。烟幕的红外消光原理如图 3.1 所示。

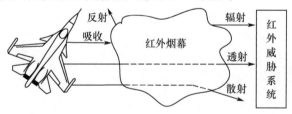

图 3.1 红外烟幕的消光原理

目前烟幕主要有热烟幕和冷烟幕两种。冷烟幕温度低,其辐射作用比较弱,起干扰作用的主要是烟幕粒子的吸收和散射;热烟幕在烟幕刚形成的瞬间,温度较高,烟幕自身的辐射作用比较强,因而其辐射起主要干扰作用,但随着烟幕温度的快速降低,烟幕的辐射作用也随之快速降低,产生干扰作用的依然是众多烟幕粒子的吸收和散射。

红外烟幕的施放方法分连续施放和断续施放两种。影响烟幕效果的因素是多方面的,其中风、湿度与降水、地形等对烟幕的干扰效果有直接影响。风的影

响主要是风向和风速,配置在斜风所消耗的发烟器材比正面风约少 1/4 ~ 1/3,风速为 3 ~ 5m/s 对施放烟幕最有利,9m/s 以上的强风和 1.5m/s 以下的弱风都不宜于设置烟幕。湿度大比湿度小时产生的烟幕更浓密;大雨会影响烟幕的遮蔽能力,而小雨增加烟幕的遮蔽效果。高地、峡谷、河川、凹地、树林和灌木丛不利于烟幕的消散和传播;白天弱风时,在江河、湖泊上,烟幕一般向陆地方向漂移,在清晨和黄昏则相反;在城市沿街道施放的烟幕,在地域风作用下稳定性较差。

3.2.3 红外诱饵弹干扰机理

红外诱饵弹是一种用来诱骗敌方红外制导武器脱离真目标,具有较高温度的红外辐射弹,多采用镁粉、硝化棉和聚四氟乙烯等为材料。当发现有导弹来袭时,将红外诱饵弹投射到空中,该弹在燃烧时,可以产生强烈的红外辐射而形成假目标。红外诱饵弹采用的大多是质心式干扰机理。当两个或多个红外辐射源同时出现在红外制导导弹的攻击视场内时,红外制导导弹不跟踪其中的任何一个辐射源,而是跟踪两个或多个红外辐射源的能量中心,通常将这个能量中心称为质心,这种干扰方式称为质心式干扰。当诱饵弹与载机同时处于红外导引头视场中时,最初导引头跟踪诱饵弹与载机的能量中心,随着诱饵弹与载机逐渐分离。由于诱饵弹的辐射强度大于目标的辐射强度,所以导弹偏向诱饵弹一边。随着目标与诱饵弹之间的距离拉开,导弹越来越偏离目标,而载机却逃离导引头视场,从而使导弹脱靶。

设红外导引头的光学系统对准目标,光学系统和目标的连线与光学系统和干扰源的连线之间的夹角为 θ,若红外导引头的瞬时视场角为 α,则当 $\theta < \alpha/2$ 时,干扰辐射可进入红外导引头;否则,干扰无效。红外导引头、目标和红外干扰源的空间关系如图 3.2 所示。

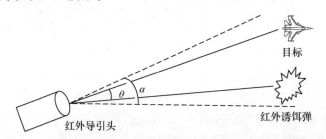

图 3.2　红外导引头、目标和红外干扰源的空间关系

现代军用飞机上,红外诱饵弹几乎成为标准配置。有统计表明,目前各国装备的导弹中有 60% 以上属红外导弹。在过去的 30 年里,据不完全统计,在战场

上损失的飞机中,被红外导弹击落击伤的约占 93% 左右。下面以运输机起降过程为例,建立红外诱饵弹的干扰模型,对在起降阶段的运输机使用红外诱饵弹对飞机生存力的影响进行评估,并就运输机红外诱饵弹的配载和使用给出建议。

3.3　红外诱饵弹对运输机生存力的影响评估

3.3.1　战场想定

运输机的作战环境和具体使用,一般都要求有战斗机进行护航。因此,运输机的威胁应主要考虑在前线低空的威胁类型。便携式导弹携带方便、移动迅速,对其威胁范围内低空飞行的运输机构成了较大的威胁。特别是当飞机在前线机场起飞和降落时,飞机自身速度较小且暴露在导弹射程之内,便携式导弹对运输机生存力的影响更为明显。下面以运输机降落过程遭受便携式红外导弹攻击为例,说明运输机如何合理的配置和使用红外干扰弹。便携式地空导弹的参数如下。

打击目标:　　　　亚声速、超声速飞机和直升机

射程:　　　　　　0.2 ~ 4km

射高:　　　　　　3.5km

制导体制:　　　　被动红外寻的

瞬时视场角:　　　5°

发射筒长:　　　　1.8m

导弹长:　　　　　1.5m

弹径:　　　　　　70mm

翼展:　　　　　　90mm

最大飞行速度:　　720m/s

战斗部:　　　　　破片杀伤式,质量1kg

战斗全重:　　　　16kg

导弹发射位置确定的示意图如图 3.3 所示。

当飞机从 H 高度开始匀减速下降,D 点为导弹能威胁到飞机的最远距离;当飞机的告警距离 G 小于飞机的下降高度 H 时,导弹的发射位置位于 CD 区域的任意位置;当导弹追踪飞机两者之间的距离小于 G 时,飞机发射诱饵弹对导弹进行干扰;当飞机的告警距离 G 大于飞机的下降高度 H 时,导弹的发射位置位于 ED 区域的任意位置,并且导弹发射以后飞机即发射诱饵弹对导弹进行干扰。导弹发射时,认为导弹对准飞机,并且飞机处于导弹的射程范围时,导弹才

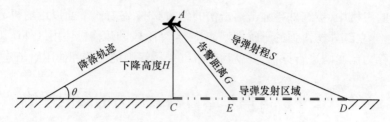

图 3.3　导弹位置确定的示意图

进行发射。

3.3.2　红外干扰数学建模

1. 辐射强度模型

某型诱饵弹地面静态辐射特性如图 3.4 所示,该型红外诱饵弹的有效燃烧时间为 5s。在图 3.4 中选取特征值 0.5s,1s,1.5s,2s,2.5s,3s,3.5s,4s,4.5s,5s 时的辐射强度值,用三次样条函数进行插值,得到任一时刻的诱饵弹地面静态辐射强度值。然而实际上,红外诱饵弹在实际使用的动态特性参数与地面静态特性参数有很大区别,且随着红外诱饵弹的投放环境的不同,其特性参数有所不同。诱饵弹的动态辐射特性,不仅受高度影响,而且还受载机速度影响。理论上讲,大气密度和压力是高度的函数,所以在不同高度下,红外诱饵弹燃烧的速率是不一样的。但根据战场想定为运输机的起降阶段,考虑到运输机的飞行速度比较小且飞行高度比较低,在建模时不考虑高度对诱饵弹辐射的影响,将诱饵弹的动态辐射强度简化为诱饵弹静态辐射强度的 1/10。

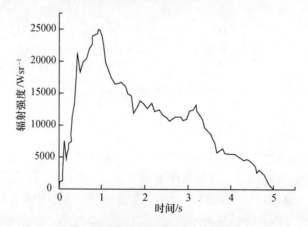

图 3.4　某型诱饵弹地面静态辐射特性

考虑到运输机的飞行速度较慢,蒙皮产生的辐射对整个飞机的辐射贡献不大。在计算运输机的红外辐射强度时,只把发动机尾喷口的辐射作为飞机的辐射强度。

发动机尾喷口的光谱辐出度为

$$M_\lambda = \frac{c_1}{\lambda^5} \frac{1}{e^{c_2/\lambda T} - 1} \tag{3.12}$$

式中:c_1 为第一辐射常数,$c_1 = 3.741832(\text{W} \cdot \text{cm}^{-2} \cdot \mu\text{m}^4)$;$c_2$ 为第二辐射常数,$c_2 = 1.438786(\mu\text{m} \cdot \text{K})$;$\lambda$ 为波长(μm);T 为温度(K)。

对于采用质心式跟踪原理的导弹,可利用的红外辐射主要集中在 $3 \sim 5\mu\text{m}$ 波段,因此对 M_λ 在 λ 处于 $3 \sim 5\mu\text{m}$ 波段进行积分,即可得到 $3 \sim 5\mu\text{m}$ 范围内的辐出度 M。

飞机后方 π 立体角范围内的整个尾喷口面积 A 的辐射强度 I_0 为

$$I_0 = \frac{MA}{\pi} \tag{3.13}$$

当飞机上有 N 台发动机时,将飞机的红外辐射强度简化为飞机上 N 台发动机所产生的总辐射强度为

$$I = I_0 N \tag{3.14}$$

2. 诱饵弹运动模型

诱饵弹开始燃烧后受重力和气动阻力的作用,动力学方程为

$$\begin{cases} m\dfrac{\mathrm{d}V}{\mathrm{d}t} = -X - mg\sin\gamma \\ mV\dfrac{\mathrm{d}\gamma}{\mathrm{d}t} = -mg\cos\gamma \\ X = \dfrac{1}{2}C_x\rho V^2 S \end{cases} \tag{3.15}$$

式中:V 为诱饵弹的绝对速度;γ 为诱饵弹的绝对速度与水平面的夹角;X 为气动阻力;C_x 为诱饵弹的阻力系数;ρ 为空气密度;S 为诱饵弹的迎风面积;诱饵弹的质量 m 则是一个随时间变化的量。由 V 和 γ 可确定诱饵弹的实时位置。

假设诱饵弹是均匀燃烧,则诱饵弹质量 m 随时间的变化情况为

$$m(t) = m_0 - \frac{m_1}{T}t \tag{3.16}$$

式中:m_0 为诱饵弹起始质量;T 为诱饵弹全部燃烧时间;m_1 为诱饵弹装药质量。

3. 导弹追踪模型

导弹采用比例导引法对目标进行追踪。在同一直角坐标系中,导弹和目标的相对运动如图 3.5 所示,其中 T 为飞机,M 为导弹。飞机和导弹的相对运动描述为

$$\begin{cases} \dfrac{\mathrm{d}r}{\mathrm{d}t} = V_T\cos\eta_T - V\cos\eta \\[2mm] r\dfrac{\mathrm{d}\lambda}{\mathrm{d}t} = V\sin\eta - V_T\sin\eta_T \\[2mm] \lambda = \eta + \gamma \\[2mm] \lambda = \eta_T + \gamma_T \\[2mm] \dfrac{\mathrm{d}\gamma}{\mathrm{d}t} = K\dfrac{\mathrm{d}\lambda}{\mathrm{d}t} \end{cases} \tag{3.17}$$

式中:r 为导弹与目标之间的距离;V 为导弹的速度;η 为导弹速度与目标线之间的夹角;λ 为弹目线与基准线之间的夹角;γ 为导弹速度与基准线之间的夹角;V_T 为目标的速度;η_T 为目标速度与目标线之间的夹角;γ_T 为目标速度与基准线之间的夹角;K 为导弹的比例导引系数。

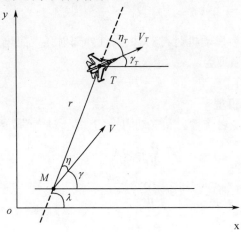

图3.5　飞机和导弹在坐标系中的运动

导弹能否跟踪目标,需要判断目标红外辐射源是否位于导弹视场内。判断的依据为

$$|q - q'| < q_{\lim}/2 \tag{3.18}$$

式中:q 为辐射源与导弹的视线角;q' 为红外导引头的光轴角;$q_{\lim}$ 为导引头瞬时视场角。

当飞机与诱饵弹都处在导弹的视场内时,质心的坐标为

$$\begin{cases} x_{tp} = \dfrac{I_p x_p/R_p^2 + I_r x_r/R_r^2}{I_p/R_p^2 + I_r/R_r^2} \\[3mm] y_{tp} = \dfrac{I_p y_p/R_p^2 + I_r y_r/R_r^2}{I_p/R_p^2 + I_r/R_r^2} \end{cases} \tag{3.19}$$

式中:I_p和I_r分别为飞机和诱饵弹的红外辐射强度;x_p、y_p和x_r、y_r分别为飞机和诱饵弹在 X 和 Y 轴上的坐标;R_p和R_r分别为飞机和诱饵弹与导弹之间的距离。

3.3.3　仿真试验方案设计

采用蒙特卡罗方法进行整个干扰过程的数学模拟仿真。仿真过程中设导弹的初始发射位置服从随机均匀分布,当导弹与飞机之间的距离小于飞机的告警距离后,飞机发射红外诱饵弹对导弹进行红外干扰。

导弹实时测量自身与目标之间的距离,当距离最小时爆炸。当导弹爆炸时,需要判断飞机是否处于导弹的杀伤范围之内,由于运输机的外形尺寸比较大,判断是否杀伤时需要考虑其外形尺寸的影响。飞机尺寸规整化系数 R_0 为

$$R_0 = \sqrt[3]{\frac{3 \times L \times H \times W}{4\pi}} \qquad (3.20)$$

式中:L、H、W 分别为飞机的长、高和宽。如果导弹的杀伤半径为 d,记 $S = R_0 + d$,则当导弹与飞机质心之间的距离 $T < S$ 时,认为导弹能够击中飞机。

为研究如何最合理有效地使用红外诱饵弹对导弹进行干扰,当飞机具有不同的告警距离时,改变飞机发射红外诱饵弹的数量,统计在不同条件下飞机被导弹击中的概率。通过分析,研究提高飞机生存力的红外诱饵弹最佳使用方式。

在一定发射区域内,随机生成导弹初始发射位置,进行 M 次仿真,统计飞机被导弹杀伤的次数 N,作为计算飞机被导弹击中的概率 P_h 的依据,可表示为

$$P_h = N/M \qquad (3.21)$$

整个仿真过程的流程图如图 3.6 所示。

3.3.4　仿真结果

以飞机在前线机场的降落这一典型过程为例进行计算。

假设飞机初始高度 $H = 1000\text{m}$,初速度 $V_0 = 240\text{m/s}$,初始下降率 $V_y = 20\text{m/s}$,飞机着陆时的速度 $V_{\text{end}} = 60\text{m/s}$。飞机为匀减速直线运动下降,可得到以下结论。

飞机轨迹与地面的夹角
$$\theta = \arcsin(V_y/V_0) = 0.0834\text{rad}$$
飞机垂直方向的加速度
$$a_y = (V_y^2 - (V_{\text{end}}\sin\theta)^2)/(2H) = 0.1875\text{m/s}^2$$
飞机降落的加速度
$$a = a_y/\sin\theta = 2.2500\text{m/s}^2$$
根据这些条件,可以确定飞机任意时刻的位置。

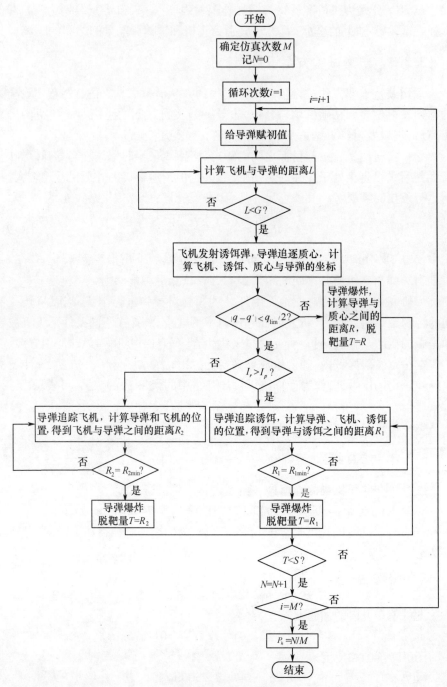

图 3.6　仿真流程图

假设所有的诱饵弹同时发射,诱饵弹的基本参数为:诱饵弹的质量 $m = 0.1\text{kg}$;诱饵弹的阻力系数 $C_x = 0.005$;诱饵弹的迎风面积 $S = 0.0005\text{m}^2$。诱饵弹相对飞机垂直向下以 $V_m = 30\text{m/s}$ 的速度发射。

某运输机有 4 台发动机,降落时发动机处于慢车状态,温度约为 365℃,尾喷口面积为 0.83m^2。导弹采用比例导引法对目标进行追踪,比例导引系数 $K = 4$,导引头的瞬时视场角为 5°,导弹的杀伤半径为 $d = 10\text{m}$。

以某军用运输机的长、宽和高的数据代入式(3.20)计算,得到飞机的尺寸系数 $R_0 = 20.2407\text{m}$,则飞机被杀伤的依据是 $T < 30.2407\text{m}$。

设导弹的飞行速度为 $V_m = 700\text{m/s}$,最终的仿真结果如表 3.1 所列。

表 3.1   不同告警距离和发射数量下飞机被击中概率

发射数量 \ 告警距离/m	1	2	4	6	8
100	1	1	1	1	1
200	1	1	1	1	1
300	1	0.9950	0.9300	0.9325	0.9450
400	0.9825	0.9700	0.6425	0.6350	0.6400
500	0.9950	0.3650	0.3550	0.3600	0.3975
600	0.9875	0.2575	0.2775	0.2625	0.2425
700	0.9875	0.1725	0.1875	0.1900	0.1875
800	0.9900	0.1175	0.1625	0.1625	0.1325
900	0.9875	0.0875	0.1100	0.1100	0.1250
1000	0.9975	0.0850	0.0675	0.0575	0.0925
1500	1	0	0	0	0
2000	1	0	0	0	0
2500	1	1	0	0	0
3000	1	1	0	0	0
3500	1	1	0	0	0
4000	1	1	0	0	0

通过分析红外诱饵弹对便携式红外制导导弹的击中概率的影响,得到以下结论。

(1)单次发射的红外诱饵弹的数量对飞机被击中的概率影响显著。由仿真结果可见:单次发射 1 枚诱饵弹无法对导弹进行有效干扰,在给定的条件下,发射的诱饵弹数量至少应达到 2 枚/次,干扰才有效;随着单次发射的红外诱饵弹数量的增加,飞机被击中的概率呈下降趋势,但单纯增加诱饵弹的发射数量并不能明显降低飞机被击中的概率。

(2) 为最大程度地发挥红外诱饵弹的作战效能,必须控制好诱饵弹的发射时机。当飞机与导弹之间的距离低于300m时,发射诱饵弹几乎起不到干扰导弹的效果,其原因在于飞机与导弹之间的距离太近,诱饵弹尚未完全达到有效的辐射强度飞机已被导弹击中;当飞机与导弹距离处于300~2000m时,发射诱饵弹能够起到干扰的效果,且距离越远,干扰成功的概率越大;若在飞机与导弹距离大于2000m时发射诱饵弹,2枚/次的发射方式无法形成有效干扰,原因在于导弹追踪的过程中诱饵弹也在不断燃烧,根据其辐射特性曲线可见,诱饵弹在导弹追踪时已快燃尽,2枚诱饵弹的辐射强度无法满足干扰导弹的需要,但是每次4枚或更多数量的发射方式仍可以保证总辐射强度满足干扰需要,不会出现干扰失败的情况。

(3) 综合(1)和(2)中诱饵弹发射数量和发射时机的约束,为保证在起降阶段运输机的安全并合理利用红外诱饵弹,最终建议对于700m/s飞行的导弹,飞机的告警距离的下限为1500m,飞机接收告警后立刻发射4枚诱饵弹对导弹进行干扰;告警距离上限的设定需要综合考虑诱饵弹燃烧持续时长和导弹飞行时间的限制,防止诱饵弹燃尽而导弹仍在追踪飞机的情况出现。

3.4　机载箔条质心干扰使用策略分析

机载箔条质心干扰是提高雷达制导导弹威胁下飞机生存力的重要手段,合理的箔条干扰并配合飞机规避机动可以有效降低飞机被导弹击中的概率。

机载箔条干扰使用研究包括:机载箔条的运动扩散特性、箔条云的雷达回波特性、箔条云的测量方法、机载箔条发射时机和角度、飞机飞行速度与箔条发射速度合成;飞机机动简化等。

从机载箔条的战术使用方面实施箔条干扰分析时,应针对机载箔条质心干扰的特点建立机载箔条质心干扰的仿真模型,并考虑飞机、箔条云、导弹三者的实时运动,根据建立的仿真模型分析箔条干扰弹发射和飞机规避机动决策方案。

3.4.1　箔条质心干扰原理

箔条是指一种轻型的空中反射目标云,通常由铝箔条或涂覆金属的纤维组成,能在一定的空间范围产生干扰回波。由于箔条干扰具有成本低廉、制作简单等优点,所以在防空、反舰、反导等领域均获得了广泛的应用。

质心干扰是目前最常用的无源干扰方式之一,在飞机被导弹末制导雷达锁定时使用。质心干扰是指雷达的空间跟踪点位于其分辨单元的能量中心上。当雷达分辨单元内存在 1 个目标时,雷达跟踪该目标的散射能量中心;当雷达分辨单元内存在多个目标时,雷达则跟踪由多个目标共同构成的能量中心,通常把这个能量中心称为质心。因此,当飞机和箔条云处于同一雷达分辨单元内时,雷达跟踪飞机与箔条云的质心而不跟踪飞机。当箔条云的 RCS 足够大时,质心逐渐向箔条云方向移动,从而增大导弹与飞机的距离,最后飞机实施机动脱离导弹跟踪雷达的跟踪。要实现最优的干扰效果,必须考虑飞机施放箔条的最佳角度和飞机如何进行机动。

3.4.2　仿真模型的建立

战场想定如下:飞机被敌方导弹跟踪,导弹末制导雷达采用主动寻的制导,飞机可采取发射箔条干扰弹以及规避机动等措施躲避导弹的跟踪。飞机、箔条云均视为点目标,当满足一定条件时可对雷达形成质心干扰,飞机与导弹对抗结束的标志为某时刻飞机与导弹的最近距离大于上时刻飞机与导弹的最近距离。

1. 坐标系的建立

在导弹攻击制导末段,导弹由远至近接近飞机,二者的高度差也逐渐缩小。假定飞机、箔条云、导弹在同一平面内,即建立平面坐标系,以零时刻飞机位置为原心,飞机直飞方向为 Y 轴方向,右旋 $90°$ 为 X 轴方向。此坐标系为绝对坐标系,用于解算对抗过程中某一时刻飞机、箔条云、导弹的相对位置坐标。

2. 飞机运动模型

要保证质心干扰可靠完成,飞机须辅助以一定的规避机动。机动的原则是当箔条云成功牵引末制导雷达波束偏出载机而指向二者质心后,载机的机动能使载机先于箔条云脱出雷达跟踪单元。下面分为直飞和盘旋两种情况建立飞机运动模型。

1) 飞机直飞的运动模型

设飞机的飞行速度矢量 v_a 与 Y 轴夹角为 θ_a,则 t 时刻飞机的绝对坐标值 x_a、y_a 为

$$\begin{cases} x_a = x_0 + v_a t \sin\theta_a \\ y_a = y_0 + v_a t \cos\theta_a \end{cases} \tag{3.22}$$

式中:t 为时间周期;v_a 为飞机飞行速度;x_0、y_0 为飞机零时刻的绝对坐标值(0,0)。

2) 飞机盘旋的运动模型

如图 3.7 所示,Y 轴方向为飞机在 $t=0$ 时刻的速度矢量 v_a 方向。

右盘旋时,有

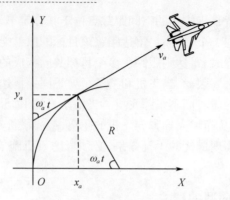

图 3.7 飞机盘旋机动示意图

$$\begin{cases} x_a = x_0 + R - R\cos\omega_a t \\ y_a = y_0 + R\sin\omega_a t \end{cases} \tag{3.23}$$

左盘旋时,有

$$\begin{cases} x_a = x_0 + R\cos\omega_a t - R \\ y_a = y_0 + R\sin\omega_a t \end{cases} \tag{3.24}$$

式中：$\omega_a = \dfrac{g\sqrt{n_y^2 - 1}}{v_a}$；$R = \dfrac{v_a^2}{g\sqrt{n_y^2 - 1}}$；$g$ 为重力加速度；n_y 为飞机的法向过载。

3. 箔条云运动模型

箔条云的运动过程可分为成型前和成型后两个阶段。在成型前($t < t_{fc}$)，由于箔条射速很大，可忽略风力和重力的影响，即运动特性可近似为箔条在空气阻力作用下的减速直线运动；成型后($t > t_{fc}$)，箔条云主要受风力、空气浮力和重力作用，在水平方向上速度近似为风速，在垂直方向上近似为匀速运动。

设箔条投放器在飞机上的安装角为 θ_{c0}，由于飞机飞行速度较大，因此箔条的初始运动速度 v_c 是箔条发射 $t = 0$ 时刻飞机速度 v_a 与箔条发射速度 v_{c0} 的合成，如图 3.8 所示，即

$$v_c = \sqrt{v_a^2 + v_{c0}^2 + 2v_a v_{c0}\cos\theta_{c0}} \tag{3.25}$$

式中：θ_{c0} 为弧度值。箔条实际运动方向与 Y 轴夹角 θ_c 为

$$\theta_c = \arccos\left(\frac{v_a^2 + v_c^2 - v_{c0}^2}{2v_a v_c}\right) \tag{3.26}$$

箔条云在成型前的飞行距离计算式为

$$S_c = -\frac{\ln(1 - V_c e_c t)}{e_c} \tag{3.27}$$

式中：s_c 为箔条云成型前飞行距离；e_c 为经验常数，当海拔高度为 10km 时，$e_c =$

-3.7×10^{-4}。

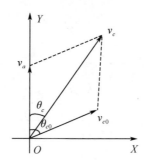

图 3.8 箔条初速度示意图

成型前 t 时刻($t < t_{fc}$)箔条的绝对坐标值 x_{c1}、y_{c1} 为

$$\begin{cases} x_{c1} = x_0 + s_c \sin\theta_c \\ y_{c1} = y_0 + s_c \cos\theta_c \end{cases} \tag{3.28}$$

成型后 t 时刻($t > t_{fc}$)箔条云的绝对坐标值 x_c、y_c 为

$$\begin{cases} x_c = x_{cfc} + v_w t \sin\theta_w \\ y_c = y_{cfc} + v_w t \cos\theta_w \end{cases} \tag{3.29}$$

式中：x_{cfc}、y_{cfc} 为箔条云在成型开始时刻 t_{fc} 时的绝对坐标值；v_w 为真风速；θ_w 为风向。

4. 质心运动模型

质心的运动主要与飞机和箔条云的雷达散射面积 σ_a、σ_c 以及二者的运动状态有关，质心的绝对坐标值 x_z、y_z 为

$$\begin{cases} x_z = x_a \left(\dfrac{\lambda\sigma_a}{\lambda\sigma_a + \gamma\sigma_c} \right) + x_c \left(\dfrac{\gamma\sigma_c}{\lambda\sigma_a + \gamma\sigma_c} \right) \\ y_z = y_a \left(\dfrac{\lambda\sigma_a}{\lambda\sigma_a + \gamma\sigma_c} \right) + y_c \left(\dfrac{\gamma\sigma_c}{\lambda\sigma_a + \gamma\sigma_c} \right) \end{cases} \tag{3.30}$$

式中：λ、γ 为判断系数，当飞机或箔条云在导弹末制导雷达跟踪范围内时，该系数为"1"，否则为"0"。

5. 导弹运动模型

导弹采用"纯追踪导引率"，即导弹速度方向一直能够指向雷达分辨单元中的质心。因此，可利用当前时刻的导弹位置坐标和速度矢量来推知下一时刻导弹的位置坐标。导弹的初始（零时刻）坐标可根据末制导雷达的开机距离 R_m 和导弹方位角 θ_{m0} 确定，不同时刻的速度矢量方向由相应时刻的质心点和导弹的位置来确定。导弹的初始坐标为

$$\begin{cases} x_{m0} = R_m\sin\theta_{m0} \\ y_{m0} = R_m\cos\theta_{m0} \end{cases} \tag{3.31}$$

i 时刻导弹的轨迹坐标为

$$\begin{cases} x_{m(i)} = x_{m(i-1)} + v_m \cdot \text{step} \cdot \left[\dfrac{x_{Z(i)} - x_{m(i-1)}}{\sqrt{\left(x_{Z(i)} - x_{m(i-1)}\right)^2 + \left(y_{Z(i)} - y_{m(i-1)}\right)^2}} \right] \\[4mm] y_{m(i)} = y_{m(i-1)} + v_m \cdot \text{step} \cdot \left[\dfrac{y_{Z(i)} - y_{m(i-1)}}{\sqrt{\left(x_{Z(i)} - x_{m(i-1)}\right)^2 + \left(y_{Z(i)} - y_{m(i-1)}\right)^2}} \right] \end{cases}$$
$$\tag{3.32}$$

式中：i 为时间点，且 $i \geq 1$；v_m 为导弹速度；step 为时间步长，取为 0.01 s。这样就可根据当前质心坐标和导弹位置坐标计算导弹下一时间步长后的位置。

6. 约束条件

实现质心干扰的前提条件是要保证箔条和飞机同时处在雷达分辨单元内，雷达分辨单元包括距离、方位和高度三个方面，如图 3.9 所示。

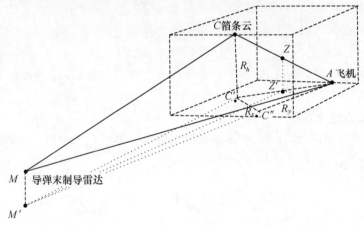

图 3.9　质心干扰态势示意图

（1）距离。箔条云在距离上必须位于导弹末制导雷达的距离分辨单元内，即

$$R_y \leqslant \frac{1}{2}c\tau \tag{3.33}$$

式中：R_y 为箔条云距飞机的距离在导弹和飞机连线方向上的投影；c 为光速；τ 为导弹末制导雷达的脉冲宽度。

（2）方位。箔条云在方位上必须位于导弹末制导雷达水平波束范围内，即

$$R_x \leqslant \frac{1}{2}R\varphi_b \tag{3.34}$$

式中：R_x 为箔条云距飞机的距离在导弹和飞机连线垂直方向上的投影；R 为导弹距飞机的距离；φ_b 为导弹末制导雷达水平波束宽度。

（3）高度。箔条云在高度上必须位于导弹末制导雷达垂直波束范围内，即

$$R_h \leqslant \frac{1}{2} R \theta_b \tag{3.35}$$

式中：R_h 为箔条云的布放高度；θ_b 为导弹末制导雷达垂直波束宽度。

3.4.3　干扰弹发射和飞机规避机动决策方案求解

箔条弹发射和飞机规避机动决策方案可按如下方法进行求解。

（1）当导弹来袭方向、距离、风向、风速、飞机速度和方向为一定值时，箔条弹发射方向从 $0° \sim 360°$ 范围内，以间隔 $1°$ 进行计算，每次计算结束可得到在该角度发射箔条弹所对应的飞机与导弹的最近距离 $A_{Mi}, i \in (0, 360)$。对所有发射角度进行计算后，可以选出最近距离 A_{Mi} 的最大值及其对应的发射角，作为在该种作战环境下箔条弹最优发射角度。

（2）改变导弹来袭方向，导弹与飞机距离、风向、风速、飞机速度和方向为一定值，导弹来袭方向从 $0° \sim 360°$ 范围内（飞机前进方向为 $0°$，向右为正），以间隔 $1°$ 进行计算，每次计算按（1）中方法对箔条弹发射方向做寻优计算，由此可以得到每个导弹来袭方向的箔条弹最优发射角度。

（3）当导弹来袭方向、距离、风向、风速为定值，飞机采取左（或右）盘旋机动，以飞机盘旋过载 n_y 为自变量，在 $2 \leqslant n_y \leqslant 6$ 范围内，以间隔 0.1 进行计算，每次计算按（1）中方法对箔条弹发射方向做寻优计算，由此可以得到每种盘旋过载下箔条弹的最优发射角度及对应的飞机与导弹的最近距离，选择最近距离的最大值及其对应的盘旋过载和箔条弹发射角度，从而得到飞机最优的机动方式和箔条弹发射角度。

（4）在上述仿真计算的基础上，分别改变风向和风速，用同样的方法对飞机规避机动过载、箔条弹发射方向进行寻优计算，即可得到不同风向和风速条件下飞机最佳机动方式以及箔条弹的最佳发射角度。根据仿真结果，可以进行飞机最佳机动方法以及箔条弹最佳发射角度决策方案的制定。

3.4.4　仿真计算及结果分析

设导弹在距飞机距离 $R_m = 5.5 \text{km}$ 时开始制导，导弹飞行速度 $v_m = 550 \text{m/s}$，飞机飞行速度 $v_a = 150 \text{m/s}$，飞机和箔条云的雷达散射面积 σ_a、σ_c 分别为 10m^2 和 20m^2，箔条发射速度 $v_{c0} = 160 \text{m/s}$，箔条云成型时间 $t_{fc} = 0.5 \text{s}$，导弹末制导雷达水平波束宽度 $\varphi_b = 5°$，雷达脉冲宽度 $\tau = 1 \mu\text{s}$。

1. 箔条弹发射方向对干扰效果的影响

设飞机沿 Y 轴直飞,导弹来袭方向为 120°,风向为 0°,风速为 6m/s,箔条弹以间隔 1°发射,发射方向对干扰效果的影响如图 3.10 所示。

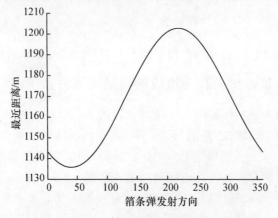

图 3.10　箔条弹发射方向对干扰效果的影响

从图 3.10 可以看出:箔条弹发射角为 217°左右时飞机与导弹的最近距离最大,即该发射角最优;当发射角为 41°左右时,干扰效果最差。由于导弹来袭方向为 120°,由此可知,箔条弹的最佳发射方向近似与导弹来袭方向垂直且背离飞机前进方向。

2. 不同导弹来袭方向下箔条弹发射决策

计算导弹来袭方向从 0°～360°范围内变化飞机相应施放箔条弹的最佳角度,如图 3.11 所示。

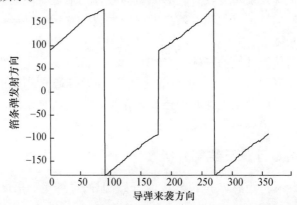

图 3.11　不同导弹来袭方向下箔条弹最佳发射角

从图 3.11 可以看出,在建立的坐标系中,导弹在 4 个象限中的来袭方向分别对应图 3.11 所示曲线的 4 个阶段,且箔条弹的最佳发射角度为垂直于导弹来袭方向并背离飞机前进方向。因此,作战中必须根据导弹的来袭方向,选择箔条弹的最佳发射角度,这样才能获得较好的干扰效果。

3. 飞机规避机动对干扰效果的影响

设导弹来袭方向为 0°、90°、130°,风向为 0°,风速为 6m/s,飞机实施向左盘旋规避机动并同时施放箔条弹躲避导弹的袭击。以飞机盘旋过载 n_y 为自变量,在 $2 \leqslant n_y \leqslant 6$ 范围内,以间隔 0.1 进行计算,每次计算中对箔条弹发射方向做寻优计算,得到在箔条弹发射方向最佳的前提下飞机与导弹的最近距离随飞机盘旋过载的变化曲线,如图 3.12 所示。

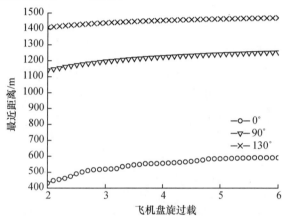

图 3.12　飞机盘旋过载对干扰效果的影响

从图 3.12 可以看出,飞机的盘旋过载越大,导弹与飞机的最近距离越大,即飞机被导弹击中的概率越小,并且导弹的来袭方向不同,最近距离随盘旋过载增大的趋势不相同。当导弹迎头攻击时(0°),飞机与导弹的最近距离最小,但是飞机采取盘旋机动的效果最明显,此作战态势下实施质心干扰应该同时进行规避机动;当导弹从右后方攻击时(130°),飞机与导弹的最近距离相对最大,但是飞机采取盘旋机动的效果并不明显,此时飞机是否需要机动可视当时的战术需要而定;当导弹在飞机侧向来袭时(90°),飞机盘旋机动的效果介于上述两种情况之间,飞机是否需要机动也应视当时的战术需要而定。

4. 风向风速对干扰效果的影响

设飞机沿 Y 轴直飞,导弹来袭方向为 120°,箔条弹发射角度为 210°(该导弹来袭方向的箔条弹最佳发射角度),风速为 6m/s,不同风向对干扰效果的影响如图 3.13 所示。

从图 3.13 可以看出,不同的风向对干扰效果有一定的影响。当风向为 30°

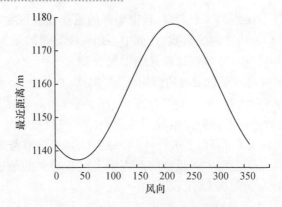

图 3.13　风向对干扰效果的影响

和 210° 左右时,干扰效果相差最大,这主要是因为箔条弹采用垂直于导弹来袭方向发射;当风向为 30°(箔条弹发射方向为逆风)时,箔条弹与飞机之间拉开的速率相对较小,二者距离也相对较小,因此飞机与导弹的最近距离也相对较小,反之二者距离相对较大。

图 3.14 为风向在 30° 和 210° 时风速对干扰效果的影响。

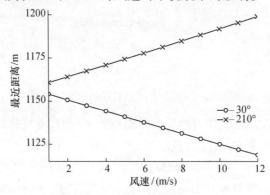

图 3.14　风速对干扰效果的影响

从图 3.14 可以看出:当风向为 210°(箔条弹为顺风发射)时,在同一风向线上,随着风速的增大,导弹与飞机的最近距离增大,这是由于随着风速的增大,箔条弹与飞机之间拉开的速率增大,二者距离也随之增大,导致飞机与导弹的最近距离也随之增大;而当风向为 30°(箔条弹为逆风发射)时,干扰效果与顺风发射相反。

利用上述仿真模型可以逐步计算不同导弹来袭方向、不同风向风速条件下飞机发射箔条弹、规避机动的最优决策方案。

第 4 章
气象环境对飞机生存力的
影响分析与决策

　　飞机在服役期间,其实际生存能力必然要受到作战需求、自然环境、作战计划等因素的影响。在此过程中,飞机的使用者和战场环境尤其重要。作战环境强调的是其人为特性,除电磁环境外,鉴于自然环境存在的天然性和复杂性,有必要考虑自然环境的影响,以全面而准确地进行战场环境下飞机生存力的研究。而自然环境中,最常遇到且最具有研究价值的当属气象条件。

4.1　气象环境概述

　　气象环境对飞机的影响是全方位的,轻则影响飞机的操纵性、稳定性、机动性,重则使飞机系统的作战效能降低,甚至造成飞机坠毁,因而一直都是组织飞行训练和作战过程中备受关注的问题和主要工作之一。海湾战争期间,沙漠雷暴雨使美军战机上的热成像仪经常失效,多次造成美方飞机误袭事件,而且雷暴雨还造成20%的美军飞机及20%的常规炸弹不能精确命中预定目标;在对南联盟的空袭中,由于气象环境的影响,北约空袭行动也面临极大的困难;近几年来,台湾空军有5架F-16,2架幻影2000战斗机,2架UH-70直升机在各种不良天气里坠毁,占所有失事飞机中的65%,直接原因便是季风、雷暴雨等气象条件的作用。

　　从生存力的角度看,气象环境不仅影响到飞机本身,同时也会影响到飞机所面临的威胁系统。大多数高新武器威胁系统,对气象环境敏感度高,容易受到各种气象因素的制约,因而气象环境对飞机及其生存力都有着显著的影响。影响飞机的常见气象要素主要有以下几类。

1）气温、气压和湿度。气温和气压的变化对飞机发动机的运转、实际空速、最大起飞质量及飞机的配载量和滑跑距离等许多性能指标都有影响，而且对降雨、台风等严重影响飞行的天气现象有一定的指示性。低温和潮湿还会使飞机积冰，造成飞机空气动力学性能恶化，升力减小，阻力增大，并有可能使导航仪和无线电通信设备失灵，影响飞机的操纵性并严重危及飞行安全。

2）能见度。能见度是指视力正常的人在当时天气条件下，用目力所能见到的目标物的距离。能见度是经常影响飞行活动的一个气象要素，它与飞行活动的关系极为密切，是判定飞行气象条件是简单条件还是复杂条件的依据之一。影响能见度好坏的天气现象主要有烟、雾、风沙、浮尘和降水等，其中降水和雾的影响最大。

3）雷暴。雷暴是夏季常见的天气现象，由对流旺盛的积雨云产生。雷暴包含了各式各样的危及飞行安全的天气现象，如紊流、颠簸、积冰、闪电击和暴雨，有时还伴有冰雹、龙卷风、下击暴流和低空风切变。目前主要通过地面和机载气象雷达进行探测和预报。

4）风切变。风切变是空间短距离内任意两点之间的风矢量（风向和风速）的变化。风切变有三种类型，即水平风的垂直切变、水平风的水平切变和垂直风的水平切变。对飞机而言，发生在距地面600m高度以下的低空风切变威胁最大，具有时间短、尺度小、强度大等特点，严重威胁飞机起飞和着陆的安全。

5）大气紊流。大气紊流是指发生在一定空域中的急速并且多变的运动气流。其主要特征是在一个较小的空域中的不同位置处，气流运动速度向量之间存在很大的差异，且变化急剧。飞机一旦进入这样的区域，不但会导致急剧的颠簸和操纵困难，而且飞机不同位置处会承受巨大的应力，严重的则可能造成飞机结构强度的破坏，发生难以想象的后果。气象学研究表明，紊流往往存在于雷暴区域附近。

6）云。云是在飞行中经常碰到的常会给飞行活动带来影响的一种气象条件。云底很低的云会影响飞机起飞和降落；云中能见度很差，影响目视飞行；云中的过冷水滴使飞机积冰；云中湍流造成飞机颠簸；云中明暗不均容易使飞行员产生错觉；云中的雷电会损坏飞机等。对于红外系统而言，云则是背景辐射的重要组成部分。

7）日/月光照强度。日/月光照强度对飞机生存力的影响主要体现在作为背景辐射时对敌方红外类威胁的天然干扰，而目视条件下的能见度以及目标识别也会由于日/月光照强度的变化而受到影响。

4.2　降雨对雷达威胁下飞机生存力的影响

以往计算雷达对来袭飞机的探测概率时,通常会认为外界自然环境是理想或简单情况,忽略复杂自然环境的影响。但自然环境对飞机生存力的影响是不可小视的,为此以雷达探测概率计算为基础,建立降雨情况下的飞机生存力模型并做出仿真和分析,可更为真实地分析飞机生存力。

4.2.1　目标和噪声信号功率

目标飞机和雷达接收机噪声功率的具体计算方法在第 3 章已介绍,这里重点考虑降雨对于雷达的影响。空中存在降雨时,雷达系统的损耗 $L_s = a\gamma^b R$,式中:γ 为降雨量(mm/h);a 和 b 为与雷达工作频率、路径仰角和极化倾角有关的参数。

4.2.2　雨杂波功率

雨杂波功率 P_{jp} 可表示为

$$P_{jp} = \frac{P_t G_t G_r \lambda^2 \sigma_v}{(4\pi)^3 R^4 L_s L_a} \tag{4.1}$$

$$\sigma_v = \eta_v V_m \tag{4.2}$$

$$V_m = \frac{R_c \theta_a}{L_p} \frac{R_c \theta_e}{L_p} \frac{\tau_n c}{2} \tag{4.3}$$

式中:σ_v 为雨杂波雷达截面积;η_v 为雨杂波的反射率,对于 $\lambda > 0.02\text{m}$ 的雷达,$\eta_v = 5.7 \times 10^{-14} \cdot \gamma^{1.6} / \lambda^4$;$V_m$ 为雷达分辨单元体积;R_c 为杂波距离;θ_a 和 θ_e 为以弧度为单位表示的方位和仰角波束宽度(二者都远小于 1rad);$L_p = 1.33$ 为波形损耗;τ_n 为压缩后的脉冲宽度;c 为光速。

4.2.3　综合信干比

综合信干比 SJR 可表示为

$$\text{SJR} = \frac{P_{rs}}{\sum (P_{ji}/I_{ji}) + \sum (P_{jp}/I_{jp}) + P_n} \tag{4.4}$$

式中:P_{ji}、P_{jp} 分别为雷达接收机前端接收的有源干扰功率和无源干扰功率;$\sum$ 表示存在多种有源干扰或多种无源干扰情况下采取累加的方法;I_{ji}、I_{jp} 分别为雷达综合抗干扰改善因子的抗有源干扰改善因子和抗无源干扰改善因子。

47

仅考虑抗无源干扰改善因子,对于高斯分布的杂波谱,杂波改善因子 I_{jp} 有三种表达方式,即

$$\begin{cases} I_1 = 2(f_r/2\pi f_c)^2 \\ I_2 = 2(f_r/2\pi f_c)^4 \\ I_3 = 2(f_r/2\pi f_c)^6 \end{cases} \tag{4.5}$$

式中:下标1,2,3分别表示单延迟、双延迟和三延迟相干 MTI 对消器;f_r 为雷达发射脉冲重复频率(Hz);f_c 为雨杂波功率谱标准差(Hz)。

4.2.4　降雨干扰下的雷达探测模型

飞机的 RCS 可认为是 Swerling Ⅰ、Ⅱ类起伏目标,则有

$$\sigma = -\sigma_0 \ln x \tag{4.6}$$

式中:σ_0 为 RCS 的平均值;x 为服从[0,1]均匀分布的随机数。

根据式(4.4)可以计算出综合信干比 SJR。对于雷达单次扫描,飞机被雷达探测到这一事件可表述为 $\{\text{SJR} \mid \text{SJR} > \text{SNR}_{\min}\}$,$\text{SNR}_{\min}$ 为一定探测概率和虚警概率条件下对应的最小可检测信噪比,雷达门限的设定与该值是相等的。当虚警概率 $P_{fa} = 10^{-6}$ 时,有

$$\text{SNR}_{\min} = n_P + 4.75\sqrt{n_P} \tag{4.7}$$

式中:n_P 为一次扫描脉冲累积数。当目标仰角小于10°时,有

$$n_P = \theta_a f_r / \theta_{\text{scan}} \tag{4.8}$$

式中:θ_a 为以度为单位的方位天线波束宽度;θ_{scan} 为以度/秒为单位的天线扫描速率。通过蒙特卡洛仿真并统计 $\{\text{SJR} \mid \text{SJR} > \text{SNR}_{\min}\}$ 发生的频率就可以得到雷达对飞机的探测概率 P_D,如果有 n 个雷达类探测威胁,则最终飞机被雷达探测到的概率为

$$P_D = 1 - (1 - P_{d1})(1 - P_{d2})\cdots(1 - P_{dn}) = 1 - \prod_{i=1}^{n}(1 - P_{di}) \tag{4.9}$$

式中:P_{di} 为每个雷达对飞机的探测概率($i = 1, 2, \cdots n$)。

4.2.5　降雨干扰下的飞机生存力模型

飞机与威胁的单次遭遇过程中,飞机会遭受敌方威胁系统的搜索、跟踪、发射、制导、击中然后自身被损毁(或未被击中)的过程。如果认为威胁一旦发现飞机就可以进行跟踪,在终端威胁作用距离范围内就可以可靠地发射威胁传播物,飞机的生存力可以表示为

$$P_S = 1 - P_D P_L P_{K/H} \tag{4.10}$$

式中:P_L为威胁传播物发射并击中飞机的概率;$P_{K/H}$为飞机被击中后损毁的概率,即易损性。

通常把飞机的迎击面积A_P等效为一个圆,威胁传播物脱靶距离的分布关于瞄准点为圆对称,则威胁传播物为触发式引信高爆战斗部时,单个威胁击中飞机的概率可表示为

$$P_L = 1 - \exp(-A_P/2\pi\sigma_r^2) \qquad (4.11)$$

威胁传播物为近炸式引信高爆战斗部时,单个威胁击中飞机的概率可表示为

$$P_L = A_P/(2\pi\sigma_r^2 + A_P) \qquad (4.12)$$

式中:σ_r为脱靶距离标准差。如果有 n 个终端击中威胁,则最终飞机被威胁传播物击中的概率为

$$P_L = 1 - (1 - P_{l1})(1 - P_{l2})\cdots(1 - P_{ln}) = 1 - \prod_{i=1}^{n}(1 - P_{li}) \qquad (4.13)$$

式中:P_{li}为每个威胁传播物击中飞机的概率($i = 1, 2, \cdots, n$)。

飞机易损性可以由飞机的易损面积A_V和迎击面积表示为

$$P_{K/H} = A_V/A_P \qquad (4.14)$$

如果飞机由 n 个无重叠非冗余关键部位组成,每个关键部位的易损面积为 A_{Vi},则有

$$A_V = \sum_{i=1}^{n} A_{Vi} \qquad (4.15)$$

如果威胁战斗部在飞机附近爆炸,破片绕导弹轴线以一定的初速度呈球状散射并覆盖飞机整个迎击面积,则计算易损性时可用飞机被一次引爆的破片随机击中后飞机的损伤概率 $P_{K/D}$ 来表示。若破片散射密度为 ρ,每块破片击中的易损面积 A_{Vj} 为定值,则有

$$P_{K/D} \approx 1 - \exp(-\rho A_{Vj}) \qquad (4.16)$$

对于飞机和威胁环境一定的情况下,可以假设一次打击击中飞机的概率以及击中后战斗部杀伤飞机的概率 $P_{K/H}$ 均为常数。对于导弹类威胁,可以用单发杀伤概率来表征飞机被一枚导弹击中概率与击中后损毁概率之积。

4.2.6　仿真试验方案设计

战场想定如图4.1所示。雨的空间分布受到顶部高度的限制,通常是 3 ~ 7km。由于降雨区有限,可假设敌方威胁系统都处于降雨区内,飞机出发点处于降雨区之外。假定降雨率在空间上是均匀的,雨顶层是个平面,飞机起飞一段时间后才达到降雨区并紧贴雨顶层上表面匀速直线飞往目的地,飞行高度保持不变。

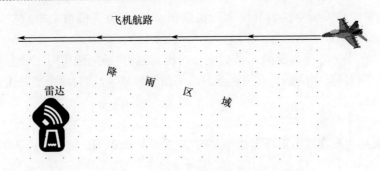

图 4.1　战场想定

敌方监视雷达为单基地工作方式,工作波长保持不变。为保留有用目标信号,并尽量减少降雨杂波的干扰,雷达采取动目标显示(MTI)和恒虚警(CFAR)处理技术。

对于雷达单次扫描,可看作波动模型的飞机信号在包含降雨的空间中被衰减和干扰后,被雷达接收;根据雷达检测到的飞机反射信号和雷达内部噪声信号以及外界干杂波扰信号,计算综合信干比;由所需虚警概率确定最小可检测信噪比,比较综合信干比和最小可检测信噪比,采用蒙特卡罗法获得对飞机的单次扫描探测概率,进而根据生存力概念,求得对应的飞机生存概率。飞机生存概率计算流程如图 4.2 所示。

4.2.7　仿真算例

假设有一采用三延迟相干 MTI 对消器的单基地监视雷达,参数为 $\lambda = 0.1\text{m}$, $\theta_a = 1.1°$, $\theta_e = 4°$, $P_t = 4\text{MW}$, $P_{fa} = 10^{-6}$, $G_t = G_r = 36\text{dB}$, $F_t^2 = F_r^2 = 1$, $f_r = 250\text{Hz}$, $F_n = 4.5\text{dB}$, $B_n = 1.538 \times 10^5 \text{Hz}$, $L_a = 0\text{dB}$, $\theta_{\text{scan}} = 10\text{r} \cdot \text{min}^{-1}$。某型防空导弹与该雷达处于同一位置,单发杀伤概率 0.8,作战半径 400km。

假设作战半径外杀伤概率为零,而作战半径内保持杀伤概率不变。大气降雨量 $\gamma = 4\text{mm/h}$,雨顶层高度为 3km。飞机平均雷达截面积 $\sigma_0 = 2\text{m}^2$,从 $R = 500\text{km}$ 处以 260m/s 的速度匀速直线飞向雷达和防空导弹所在区域。为保证雷达探测目标时仰角小于 10°,只考查距离为 20~500km 段的探测概率与生存概率。

进行蒙特卡罗仿真时,需要确定仿真次数。给定置信概率时,仿真次数随模拟精度的增大而急剧增加,同样模拟精度下,当待模拟事件发生的实际概率为 0.5 时所需的次数最多,如表 4.1 所列。设定模拟精度为 0.005,置信概率 95.4%,可算出飞机生存概率值为 0.5 时所需模拟次数为 4 万次,随生存概率向

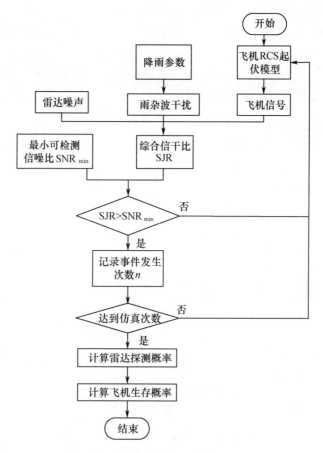

图 4.2 飞机生存力计算流程

0 递减或向 1 递增时,仿真次数均会显著下降。确定仿真次数为 4 万次,可以满足对任一情况下飞机生存力仿真的要求。

表 4.1 置信概率为 95.4% 时不同发生概率和模拟精度所需模拟次数

	0.05(精度)	0.01(精度)	0.005(精度)	0.001(精度)
0.1(0.9)(概率)	144	3600	14400	36×10^4
0.2(0.8)(概率)	256	6400	25600	64×10^4
0.3(0.7)(概率)	336	8400	33600	84×10^4
0.4(0.6)(概率)	384	9600	38400	96×10^4
0.5(概率)	400	1×10^4	4×10^4	1×10^6

假设雷达可对飞机航路上的每一位置进行探测,而且导弹只发射一发。仅考查单次瞬时探测概率的情况下,不考虑降雨影响与考虑降雨影响时飞机飞过该航路上任一位置时的雷达对飞机的探测概率以及飞机生存概率如图4.3所示。由于在导弹作战半径外,飞机虽然会遭遇监视雷达的探测,但不会遭受导弹打击,生存概率为1,为简单起见,图4.3中未画出作战半径以外飞机生存概率为1的部分。

如图4.3所示,4mm/h的降雨对波长为0.1m的S波段雷达的影响是比较明显的。以探测概率0.8时的作用距离为例,无降雨时为370km,有降雨时为250km,作用距离缩短了32.4%。

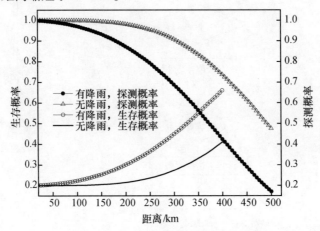

图4.3　航路上任一位置时的生存概率与探测概率

由于飞机被雷达探测概率的降低,飞机生存概率得到了一定程度的提高,而且随着距离的增大,生存概率提高量也逐渐增大。因此,降雨对飞机生存力的影响是较为可观的。

4.2.8　相关参数对飞机生存力的影响讨论

1. 飞机自身因素

飞机本身的隐身性设计,如减小飞机RCS,会对飞机的生存力有所影响。通过机载电子对抗设备效能的发挥,可以主动或被动地对敌方雷达探测设备进行压制和干扰,也会起到提高飞机生存力的效果。

2. 雷达波长

其他参数不变,当雷达波长变化,例:当 $\lambda = 0.075\mathrm{m}$(对应频率4GHz)、$\lambda = 0.12\mathrm{m}$(对应频率2.5GHz)以及 $\lambda = 0.15\mathrm{m}$(对应频率2GHz)时,航路上任一位置

时的生存力比较如图 4.4 所示。

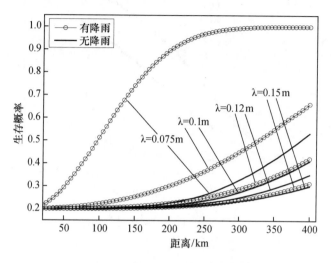

图 4.4　不同波长时生存力比较

由图 4.4 可以看出：当 $\lambda < 0.1\,\mathrm{m}$ 时，随着波长的减小，降雨对飞机生存力的影响显著增大；而当 $\lambda > 0.12\,\mathrm{m}$ 时，降雨的影响变小；当 $\lambda > 0.15\,\mathrm{m}$ 后，降雨对飞机生存力的影响已基本可以忽略。这是因为不同波段的雷达气象效应不同。按照 IEEE 的划分标准，$2\sim4\mathrm{GHz}$ 的频带属于 S 波段。在波长大于 S 波段时，降雨所致的雷达气象效应很小或几乎没有；而波长小于 S 波段时，随着波长减小气象效应加剧，远距探测性能急剧下降。可见，雷达所处的波段是飞机生存力高低是否受降雨环境影响的根本性因素，只有在特定的波段内，才可以因气象效应造成的探测性能下降而提高飞机的生存力。

3. 降雨量

其他参数设置同 4.2.7 节，降雨量分别为 $\gamma = 1\mathrm{mm/h}$、$\gamma = 4\mathrm{mm/h}$、$\gamma = 10\mathrm{mm/h}$ 和 $\gamma = 16\mathrm{mm/h}$ 时飞机在航路上的生存力比较如图 4.5 所示。

由图 4.5 可见，对于 $\lambda = 0.1\,\mathrm{m}$ 的雷达，降雨量越大，对飞机生存力的影响越显著。这是由于随着降雨量的增大，雨杂波的 RCS 成指数式增大，导致综合信干比减小，进而雷达探测概率下降，飞机生存力的提高就变得更为明显。以 300km 距离为例，不考虑降雨影响时，飞机生存力小于 0.3，而考虑降雨作用后，$4\mathrm{mm/h}$ 的降雨量可使飞机生存力提高到 0.45，超过 $10\mathrm{mm/h}$ 的降雨量则使飞机的生存力提高到 0.7 以上。

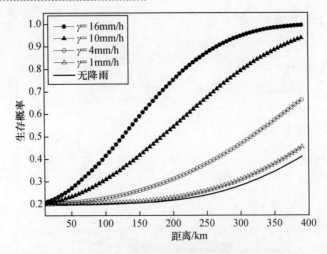

图 4.5　不同降雨量时生存力比较

4.3　气象环境对红外威胁下飞机生存力的影响

这里研究的红外威胁主要是指用来执行搜索和告警任务的红外警戒系统。当目标与红外警戒系统相距很远距离时,以致目标成像的张角小于或等于警戒系统的瞬时视场,这时称目标为点目标。显然,点目标是一个相对概念,并非目标的实际尺寸就一定很小。对红外警戒系统,其作用就在于能够在较远的距离上发现入侵目标,确定其方位并予以告警。

4.3.1　红外探测机理

喷气式飞机在飞行过程中,产生的红外信号来自四个部分。
（1）发动机罩和尾喷管的红外辐射;
（2）排出废气的红外辐射;
（3）蒙皮的气动加热产生的红外辐射;
（4）反射太阳等外部辐射源所致的红外辐射。

红外警戒系统的光学接收系统接收到这些红外辐射信号后,将其汇聚到红外探测器上,探测器对所接收的信号进行光电转换,送到威胁信号综合处理器,并根据飞机与背景的差异,进行目标的检测和告警。

在点目标探测情况下,飞机的细节已不可区分,但从能量的观点看,只要信号足够大,即目标信噪比大于警戒系统的探测阈值,系统就能够以一定的概率探测到飞机。对于某一特定的红外警戒系统,所要求的阈值信噪比可以认为是设

计参数,则目标信噪比 SNR 和探测概率 P_D 之间存在的对应关系可表示为

$$P_D = \frac{1}{\sqrt{2\pi}} \int_{-\infty}^{SNR-SNR_{DT}} \exp(-0.5x^2)\,\mathrm{d}x \qquad (4.17)$$

式中:SNR_{DT} 为设计探测概率为 50% 所需的阈值信噪比。

根据热成像系统最小可探测温差(MDTD)的定义及目标探测的 MDTD 法模型,对于空间角频率为 f,与背景的实际等效温差 ΔT 的点目标在经过大气衰减到达系统时,其表观温差仍大于或等于对应该频率的 $MDTD(f)$,则可实现目标探测。在距离 R 处的目标在警戒系统显示器上显示的信噪比为

$$SNR = \frac{\tau_a \Delta T}{MDTD'(R/2H)} SNR_{DT} \qquad (4.18)$$

式中:τ_a 为大气透过率;ΔT 为目标和背景的温度差;R 为目标距离;H 为目标尺寸;$MDTD'$ 为修正后的 MDTD。例如当目标的像不能充满单个探测单元时,$MDTD' = \max\{1, \alpha/\alpha'\}\max\{1, \beta/\beta'\}MDTD$,式中:$\alpha$ 和 β 为单个探测单元的瞬时视场角;α' 和 β' 为目标对红外系统的张角。

通过式(4.18)可见目标信噪比主要受三部分的影响:一是目标特性,在公式中体现为 ΔT;二是红外系统自身特性,在公式中体现为 $MDTD'$ 和 SNR_{DT};三是环境因素,在公式中体现为 τ_a。

令 $A_1 = \Delta T$,$A_2 = SNR_{DT}$,$A_3 = MDTD'(R/2H)$,在红外系统和目标距离一定的情况下,A_1、A_2 和 A_3 均为常数,则红外警戒系统对目标的探测概率为

$$P_D = \frac{1}{\sqrt{2\pi}} \int_{-\infty}^{SNR-SNR_{DT}} \exp(-0.5x^2)\,\mathrm{d}x = \Phi\left(\tau_a A_1 \frac{A_2}{A_3} - A_2\right) \qquad (4.19)$$

由式(4.19)可见,当目标特性和红外警戒系统本身性能一定的情况下,系统对目标的发现概率主要取决于大气透过率。因此,气象环境对飞机与红外警戒系统对抗中的生存力或探测概率有影响。

4.3.2　红外系统作用距离

给定探测概率后,红外警戒系统的性能指标可以用作用距离 R_0 表示。它表示目标信噪比达到阈值信噪比时,红外警戒系统可在该距离上以一定的虚警概率 P_{f0} 和探测概率 P_{D0} 发现入侵目标并予以告警。实际工作中的红外警戒系统,当虚警概率设定后,随着目标信噪比的变化,在 R_0 处对目标的探测概率发生变化,而若要保证对目标的探测概率不变,则作用距离 R_0 将发生变化。

红外警戒系统作用距离方程可表示为

$$R_0 = \left[\frac{\pi D_0 \tau_0 \tau_a D_{\Delta\lambda}^* I}{4F(\omega\Delta f)^{1/2}SNR_0}\right]^{1/2} \qquad (4.20)$$

式中：D_0 为系统入瞳直径（cm）；τ_a 为 $\Delta\lambda$ 波长范围内的大气平均透过率；τ_0 为光学系统透过率；D^* 为在红外探测系统的平均探测度（$cmHz^{1/2}/W$）；I 为 $\Delta\lambda$ 波长范围内的目标辐射强度（W/sr）；F 为光学系统相对孔径；ω 为系统瞬时立体视场角（sr）；Δf 为系统噪声等效带宽（Hz）；SNR_0 为保证一定探测概率所需的信噪比。在具体计算目标的辐射强度时，有

$$I = A_t L \tag{4.21}$$

式中：A_t 为目标在视轴垂直面上的投影面积（cm^2）；L 为 $\Delta\lambda$ 波长范围内的目标辐射亮度（$W/cm^2 sr$）。

观察式（4.20），可以看出，右端各变量可归为三类。第一类是与红外警戒系统自身设计相关的参数，包括 D_0、τ_0、D^*、F、ω、Δf 和 SNR_0；第二类是与目标相关的参数 I；第三类是与气象条件相关的参数 τ_a。于是将式（4.20）改写为

$$R_0 = CI^{1/2}(\tau_a)^{1/2} \tag{4.22}$$

$$C = \left(\frac{\pi D_0 \tau_0 D^*}{4F(\omega\Delta f)^{1/2}SNR_0} \right)^{1/2}$$

可见，式（4.22）中右端三项分别对应前面划分的三类，也分别与对飞机的红外探测过程中涉及到的红外警戒系统、红外辐射源和红外辐射传输通道相对应。

4.3.3 大气透过率模型

大气由氮气、氧气、水蒸气、二氧化碳、甲烷、一氧化碳、臭氧及各种各样的悬浮粒子组成。大气对红外辐射有吸收作用的主要有二氧化碳、水蒸气、臭氧等多原子气体。对于红外警戒系统主要使用的大气窗口 3 ~5μm，8 ~12μm 波段来说，主要受二氧化碳和水蒸气吸收的影响，以及大气气溶胶微粒的散射。二氧化碳对红外线的吸收带在波长为 2.7μm、4.3μm、10μm 处，特别是在 12.8 ~17.3μm 的波段处有强烈的吸收带；水蒸气具有对各种波长的强烈吸收带；臭氧集中在 20 ~30km 的高度以上对辐射吸收较大，但在 20km 以下的大气层中可以不考虑；大气气溶胶微粒对红外线散射也是辐射衰减的主要原因，并且在低空大气中悬浮微粒越多，散射较高空越严重。

气象环境对红外辐射传输主要有两个方面的影响：大气的吸收和散射。对于红外警戒威胁系统，气象环境改变了大气的吸收和散射能力，导致大气透过率的变化，进而导致红外警戒系统作用距离或探测概率的变化，最终对飞机生存力产生一定的影响。

在红外波段，大气分子散射很微弱，可不考虑；大气分子中的水汽和二氧化碳分子造成的吸收很严重。因此要计算大气透过率，主要考虑的是大气中水和

二氧化碳分子的吸收透过率以及大气气溶胶的散射透过率。

1. 大气吸收模型

大气中对红外辐射产生选择性吸收的主要是水蒸气和二氧化碳。可在海平面水平路径上水蒸气及二氧化碳的光谱透射率进行修正,进而确定其他路径上的透射率。

1)水蒸气的吸收

水蒸气是大气中的可变组分,其含量随海拔高度和气象条件的变化比较明显。水蒸气对辐射的吸收也随压强和温度的变化而变化,特别是受到压强的影响尤为严重。在低层大气中水蒸气含量较高,常用可凝水量 ω 来表征水蒸气的吸收,即

$$\omega = H_a \cdot H_r(0) \cdot R \tag{4.23}$$

式中:R 为传输距离;$H_r(0)$ 为海平面的相对湿度;H_a 为饱和水蒸气含量,可按照1946 年国际协议通过的标准表格来确定。依据光谱透过率表,可以根据可凝水量采用插值法得到海平面上的大气平均透过率 τ_{H_2O}。

对于在海拔高度为 h 处沿水平面传输的情形,可凝水量修正为

$$\omega_1 = H_a \cdot H_r(0) \cdot \exp(-0.5154 \cdot h) \cdot R \tag{4.24}$$

根据 ω_1,查光谱透过率表格可知在高度 h 处的大气透过率。

红外警戒系统对空中目标进行探测时,两者往往并不在同一水平面上,这就需要对红外辐射沿倾斜方向传输时的衰减情况进行分析。

在海拔 h_1 到 h_2,天顶角为 θ 的倾斜路程上的水蒸气等效海平面可凝水量为

$$\omega_2 = H_a \cdot H_r(0) \cdot \frac{e^{-0.5154 \cdot h_1} - e^{-0.5154 \cdot h_2}}{0.5154 \cdot \cos\theta} \tag{4.25}$$

式(4.25)表明,从海拔 h_1 到 h_2 处,与斜程同样长路径上水蒸气的等效海平面可降凝水量为 ω_2,进而可知斜程修正下的透过率。

2)二氧化碳的吸收

低层大气中二氧化碳的含量相对稳定,可采用等效传输距离来表示,其透过率的求解也跟水蒸气处理方法类似。其高度修正情况下的等效水平面路程长度表示为

$$R_e = R_h \cdot \exp(-0.313 \cdot h) \tag{4.26}$$

式中:R_e 为等效水平面的路程长度;R_h 为水平方向传播距离;h 为海拔高度。

式(4.26)表明了红外辐射在高度为 h 处,沿水平方向传播 R_h 距离后,二氧化碳对红外辐射的吸收与在海平面上传输 R_e 距离处,二氧化碳对红外辐射的吸收等效。求出 R_e 后,根据提供的光谱透过率表就可求出在高度 h 处的二氧化碳透过率。

在海拔 h_1 到 h_2，天顶角为 θ 的倾斜路程上的二氧化碳等效水平面路程长度为

$$R_e = \frac{\mathrm{e}^{-0.313 \cdot h_1} - \mathrm{e}^{-0.313 \cdot h_2}}{0.313 \cdot \cos\theta} \tag{4.27}$$

从式(4.27)可知，只要确定海拔高度和天顶角就可得到等效水平面路程长度，就可得到此时的大气透过率，然后求得由水和二氧化碳吸收所致的大气透过率 $\tau_c = \tau_{H_2O} \cdot \tau_{CO_2}$。

2. 大气散射模型

由于影响总散射系数的因素很多，而且影响因素是随机的，所以精确计算散射系数是极其复杂的。在工程上，可以利用气象视程，以经验公式来计算大气对给定辐射波长的散射系数和散射引起的透射率。

气象视程是指在可见光区指定波长 λ_0 处目标与背景对比度降低到零距离值时的2%的距离，即气象能见度。在距观察点 R 处的目标和背景对比度 C_R 可表示为

$$C_R = \frac{L_R - L_\beta}{L_\beta} \tag{4.28}$$

式中：L_R 为在距离 R 处目标的表观辐射亮度；L_β 为在距离 R 处背景的表观辐射亮度。

若用 C_R 和 C_0 分别表示上述对比度在 $R = R_v$ 和 $R = 0$ 处的值，则满足下列关系式，即

$$\frac{C_{R_v}}{C_0} = \frac{\dfrac{L_{R_v} - L_\beta}{L_\beta}}{\dfrac{L_0 - L_\beta}{L_\beta}} \approx \frac{L_{R_v}}{L_0} = 0.02 \tag{4.29}$$

式中：R_v 为能见度。

任意波长 λ 的散射系数为

$$\gamma(\lambda) = \frac{3.91}{R_v}\left(\frac{\lambda_0}{\lambda}\right)^q \tag{4.30}$$

$$\begin{cases} q = 0.585 R_v^{1/3} & (R_v < 6\mathrm{km} \text{ 能见距离很差}) \\ q = 1.3 & (\text{中等能见度}) \\ q = 1.6 & (R_v > 50\mathrm{km} \text{ 能见度特别好}) \end{cases} \tag{4.31}$$

式中：λ_0 通常取 $0.55\mu\mathrm{m}$ 或 $0.61\mu\mathrm{m}$；q 为波长修正因子，与 R_v 的取值有关。

所以，大气散射引起的透射率为

$$\tau_s(\lambda) = \exp[-\gamma(\lambda) \cdot R] = \exp\left\{-\frac{3.91}{R_v}\left(\frac{\lambda_0}{\lambda}\right)^q R\right\} \tag{4.32}$$

具体计算大气透过率的方法如下。

（1）由气温查出饱和水蒸气量,再根据相对湿度和路程长度求出可凝结水的毫米数,由可凝结水蒸气量查出各波长的对应透射率 $\tau_{H_2O}(\lambda)$；

（2）由路程长度查出各波长对应的二氧化碳透射率 $\tau_{CO_2}(\lambda)$；

（3）根据气象视程求各波长对应的散射透射率 $\tau_s(\lambda)$；

（4）求出给定光谱带宽内的平均吸收透过率 $\bar{\tau}_c$ 和平均散射透过率 $\bar{\tau}_s$,以及平均大气透过率 $\bar{\tau}_a = \bar{\tau}_c \cdot \bar{\tau}_s$。

4.3.4　气象环境影响算例与分析

气象环境本身的多变性,导致其对大气透过率的影响是复杂而多样的。下面仅就大气湿度以及能见度的变化对红外警戒系统的影响来分析气象环境对飞机生存力的影响。

1. 对探测概率的影响

假设有某一红外警戒系统,位于海平面高度上,工作波长为 $8 \sim 12\mu m$；一架飞机的红外辐射强度 $I = 12.5 W/sr$,与背景的温差,在高度 $h = 1 km$ 上水平直线飞往该警戒系统。在一定气象环境下(此时 $\tau_a = 0.8$),当飞机与警戒系统水平距离为 10km 时,该红外警戒系统能以 0.80 的概率发现飞机。

1）大气湿度的影响

求:温度 11℃,能见度 12km(在 $0.55\mu m$ 处),在水平距离 10km 处,相对湿度分别为 10% ,20% ,50% 时,上述红外警戒系统对该架飞机的探测概率。

首先计算相对湿度为 10% 时大气中水的透过率。查表得 11℃ 时 100% 空气湿度的可凝水量为 10.02mm/km,则 $\omega_0 = 10.02 \times 10\% = 1.002 mm/km, \omega = \omega_0 \times R \approx 10mm$,再次查表得可凝水量为 10mm 时 $8 \sim 12\mu m$ 各波长对应的大气透过率如表 4.2 所列。

然后求二氧化碳的透过率。在水平距离 10km 处,各波长对应的透过率也通过查表列于表 4.2。

$8 \sim 12\mu m$ 整个光谱区域的带宽为 $\Delta\lambda = 12 - 8 = 4\mu m$,表 4.2 中所取的光谱间隔 $d\lambda = 0.1\mu m$,此区域的平均吸收透过率为

$$\bar{\tau}_c = [\tau_c(8)/2 + \tau_c(8.1) + \cdots + \tau_c(11.9) + \tau_c(12)/2]d\lambda/\Delta\lambda = 0.851$$

再求散射透过率。由能见度 $R_r = 12km, \lambda_0 = 0.55\mu m$,取 $q = 1.3$。在水平距离 10km 处,任意波长处的大气透过率为

$$\tau_s(\lambda) = \exp\left\{ -\frac{3.91}{12} \cdot \left(\frac{0.55}{\lambda}\right)^{1.3} \cdot 10 \right\} \tag{4.33}$$

表 4.2　各波长对应的透过率

波长/μm	$\tau_{H_2O}(\lambda)$	$\tau_{CO_2}(\lambda)$	$\tau_c(\lambda)$	$\tau_s(\lambda)$	$\bar{\tau}_c$	$\bar{\tau}_s$	$\bar{\tau}_a$
8.0	0.603	1	0.603	0.905			
8.1	0.754	1	0.754	0.906			
8.2	0.696	1	0.696	0.907			
8.3	0.786	1	0.786	0.908			
8.4	0.774	1	0.774	0.910			
…	…	…	…	…	0.851	0.975	0.830
11.6	0.875	0.955	0.836	0.940			
11.7	0.820	0.955	0.783	0.941			
11.8	0.863	0.966	0.834	0.941			
11.9	0.869	0.978	0.850	0.942			
12.0	0.878	0.993	0.872	0.943			

仍取间隔 $d\lambda = 0.1\mu m$，分别求得各波长对应的大气透过率 $\tau_s(\lambda)$，如表 4.2 所列，再用求平均吸收透过率的方法，求得 $8 \sim 12\mu m$ 的平均散射透过率 $\bar{\tau}_s$。

同样地，对应相对湿度为 20% 和 50% 的情况，相应求得的大气透过率如表 4.3 所列。

表 4.3　不同相对湿度下大气透过率参数（温度 11℃，能见度 12km）

H_r	ω/mm	$\bar{\tau}_c$	$\bar{\tau}_s$	$\bar{\tau}_a$
20%	20	0.727	0.975	0.709
50%	50	0.478	0.975	0.466

飞机与背景温差 $\Delta T = 2.25℃$，$SNR_{DT} = 3.5$，修正后的 $MDTD' = 1.451℃$，这三个量均为常数，则三种不同湿度下的红外警戒系统探测概率分别为 0.8425、0.6360、0.1658。由于低空中二氧化碳含量不变，因此表 4.2 和表 4.3 中 $\bar{\tau}_s$ 未发生变化。由此可见，随着大气湿度的提高，对红外波段的吸收增强，造成了平均大气透过率的降低，因而会使得红外警戒系统效能下降，从而降低了对飞机的探测概率。

2）能见度的影响

求：温度 11℃，在水平距离 10km 处，相对湿度为 20%，能见度为 5km 和 60km 处（在 0.55μm 处），上述红外警戒系统对该架飞机的探测概率。

取波长间隔 $d\lambda = 0.1\mu m$，根据式（4.33），给定所需参数，分别求得各波长对应的大气透过率 $\tau_s(\lambda)$，列于表 4.4，再根据光谱区域的平均吸收透过率 $\bar{\tau}_c$ 的计算方法，求得 $\bar{\tau}_s$ 和 $\bar{\tau}_a$，见表 4.5，最终求得两种能见度下红外警戒系统对飞机的探测概率分别为 0.1685 和 0.6622。由此可见,随着能见度的提高,对红外波段的散射减弱,大气的平均透过率提高,使得红外警戒系统效能提升,从而提高了对飞机的探测概率。

表 4.4　不同波长对应的透过率

	波长/μm	8	8.1	8.2	8.3	8.4	…	11.7	11.8	11.9	12
$\tau_s(\lambda)$	$R_v = 5\text{km}$	0.584	0.588	0.591	0.595	0.599	…	0.692	0.694	0.696	0.698
	$R_v = 60\text{km}$	0.991	0.991	0.991	0.992	0.992	…	0.995	0.995	0.995	0.995

表 4.5　不同能见度下大气透过率参数(温度 11℃,相对湿度 20%)

R_v/km	q	$\bar{\tau}_c$	$\bar{\tau}_s$	$\bar{\tau}_a$
5	1.0	0.727	0.643	0.468
60	1.6	0.727	0.993	0.722

2. 对作用距离的影响

当该红外警戒系统自身参数和目标特性不变的情况下,其作用距离必然受气象环境的影响,前面已经从根本上分析了气象环境对大气透过率的影响,此处仅以大气透过率作为自变量,考查气象环境对红外警戒系统作用距离的影响。算例的初始条件中,红外警戒系统给的作用距离为 10km,该距离给出的条件是:大气透过率 0.80,探测概率 0.8,目标辐射强度 12.5W/sr。同样的条件下,以红外系统作用距离分别为 5km、10km 和 15km 来代表探测性能分别为差、中、好的红外告警系统,其对辐射强度 12.5W/sr 的目标要求探测概率为 0.80 时的作用距离随大气平均透过率的变化如图 4.6 所示。

由图 4.6 可见:探测性能较差、作用距离较近的红外警戒系统,受气象环境影响而导致的探测效果变化较为缓慢;而探测性能越好的红外警戒系统,其作用距离受气象环境的影响变化越明显。这表明虽然技术在不断发展,红外系统的性能并非无懈可击。由于水、二氧化碳和气溶胶在大气中的客观存在,大气吸收和散射对红外系统的影响也是伴随着大气环境的存在而天然存在的,所以一旦红外系统作用距离提高,其探测范围内大气环境中的吸收和散射程度都会加剧,导致其作用距离内平均大气透过率下降,因而受气象环境的影响更为明显。正因如此,人们才在现代战争中使用高技术兵器的同时,也不断探索新的作战方式,以期更好地利用环境因素以提高自身武器的作战效能。

概括地说,气象环境对红外类威胁作用下飞机生存力的影响机理如图 4.7 所示。

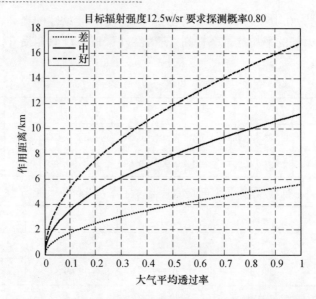

图 4.6　不同性能的红外探测系统受大气平均透过率的影响

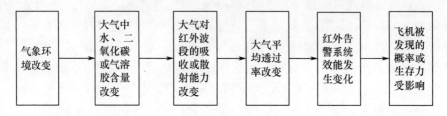

图 4.7　气象环境对飞机生存力的影响机理

4.4　气象环境下飞机生存力决策

"一定的气象环境对飞机生存力的影响是有益的,但这种影响根本是对于敌方威胁作战效能的削弱。"从另外一个角度来看,气象条件也必然会对飞机的飞行安全造成一定的影响。遭遇不良的气象环境时,究竟是该继续执行任务还是规避或返航,需要结合飞机自身的状态与能力,分析气象条件对威胁及飞行安全的影响,进行综合权衡与决策。

4.4.1　贝叶斯网络理论

1. 贝叶斯公式

在一个随机试验中,有 n 个互相排斥的事件 $A_1, A_2, \cdots, A_n$,如果以 $P(A_i)$ 表

示事件 A_i 的发生概率,那么有 $\sum_{i=1}^{n} P(A_i) = 1$。若 B 为该试验中发生的任一事件,则有

$$P(A_i \mid B) = \frac{P(B \mid A_i)P(A_i)}{\sum_{j=i}^{n} P(B \mid A_j)P(A_j)} \qquad i = 1,2,\cdots,n \qquad (4.34)$$

式(4.34)称为贝叶斯(Bayes)公式,其中 $P(A_1)$,$P(A_2)$,$\cdots$,$P(A_n)$ 称为先验概率。由于事件 B 的发生,对于事件 A_1,A_2,$\cdots$,A_n 发生的可能性有了新的认识,而这种认识是在试验后得到的,由于 $P(A_i|B) > 0$,$\sum_{i=1}^{n} P(A_i \mid B) = 1$,所以概率 $P(A_i|B)$ 称为后验概率。它综合了先验信息和试验所提供的新信息,形成了关于 A_i 发生可能性大小的当前认识。这个由先验信息到后验信息的转化,是贝叶斯统计的特征。

2. 一般结构

贝叶斯网络的网络结构是一个有向无环图(Directed Acyclic Graph),其中每个结点代表一个属性或者数据变量,结点间的弧代表属性(数据变量)间的概率依赖关系,图 4.8 蕴涵了条件独立性假设。一条弧由一个属性(数据变量)A 指向另外一个属性(数据变量)B,说明属性 A 的取值可以对属性 B 的取值产生影响,由于是有向无环图,AB 间不会出现有向回路。在贝叶斯概率网络当中,直接的原因结点(弧尾)A 称为结果结点(弧头)B 的父结点(Parents),B 称为 A 的子结点(Children)。如果从一个结点 X 有一条有向通路指向 Y,则称结点 X 为结点 Y 的祖先(Ancestor),同时称结点 Y 为结点 X 的后代(Descendent)。

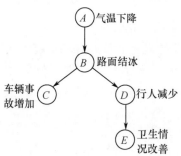

图 4.8　贝叶斯网络示意图

图 4.8 中共有 5 个结点和 4 条弧。气温下降 A 是一个原因结点,它会导致路面结冰 B,而路面结冰 B 可能导致车辆事故的增加 C 以及路上的行人减少 D,而行人减少的后果是路面的垃圾减少,于是卫生情况改善 E 发生了。在贝叶斯

网络中像 A 这样没有输入的结点称作根结点（Root），其他结点统称为非根结点。概率网络当中的弧表示了结点间的依赖关系，如果两个结点间有弧连接说明两者之间有因果联系。反之，如果两者之间没有直接的弧连接或者是间接的有向联通路径，则说明两者之间没有依赖关系，即相互独立。使用这种网络结构可以清晰得出属性结点间的关系，进而也把使用概率网络进行推理和预测变得相对容易。

3. 多树传播贝叶斯网络推理算法

多树传播（Polytree Propagation）推理算法最早是由 Pearl 于 1986 年提出的一种有效的贝叶斯网络推理算法，适用于单连通图的贝叶斯网络推理算法。所谓单联通图的贝叶斯网络是指网络中每两个结点之间有且仅有一条路经。

多树传播算法的主要思想是直接利用贝叶斯网络的图形结构，为每一个节点分配一个处理机，每个处理机利用相邻节点传递来的消息和存储于该处理机内部的条件概率表进行计算，以求得自身的信度即后验概率，并将结果向其余相邻的节点传播。相邻节点的处理机接收到传递来的消息后，重新计算自身的信度，然后将结果向其余的相邻节点传播，如此继续下去直到证据的影响传遍所有的节点为止。

在多树传播算法中，假设网络中节点 B 可以表示为有限集 $B = \{B_1, B_2, \cdots, B_n\}$，其中 $B_1, B_2, \cdots, B_n$ 互斥，则 $B_i(i = 1, 2, \cdots, n)$ 的信度可以表示为

$$\text{Bel}(Bi) = \alpha \lambda(Bi) \pi(Bi) \tag{4.35}$$

$$\sum_{B_i} \text{Bel}(B_i) = 1 \tag{4.36}$$

$$\lambda(B_i) = P(D_B^- | B_i) \tag{4.37}$$

式中：α 为归一化因子；D_B^- 表示节点 B 的子孙节点对 B_i 的支持；$\pi(Bi) = P(B_i | D_B^+)$，其中 D_B^+ 表示节点 B 的祖先对节点 B_i 的支持。

在网络推理中，修改节点 B 的信度值时应同时考虑由父节点 A 来的信息 $\pi B(A)$ 和由各个子节点来的信息 $\lambda_1(B), \lambda_2(B), \cdots$，其中有

$$\begin{cases} \lambda_B(A) = \prod_k \lambda_K(B_i) \\ \pi(B_i) = \beta \sum_j P(B_i | A_j) \pi_B(A_j) \end{cases} \tag{4.38}$$

式中：β 为归一化因子。网络传播中，信度可以传播给父节点和子节点。由节点 B 传播给其父节点 A 的信息为

$$\lambda_B(A_j) = \prod_k \lambda_K(B_i) \sum_i P(B_i | A_j) \lambda(B_i) \tag{4.39}$$

传播给子节点的信息为

$$\pi_E(B_i) = \alpha\pi(B_i)\prod_m\lambda_m(B_i) \tag{4.40}$$

采用树状贝叶斯网络作为推理模型,其结构特点为每个节点最多只有一个父节点。多树传播算法中,算法以单个节点为中心,首先自下向上传播,按式(4.39)计算各个节点向其父节点传播的值;然后由根节点向下传播,按式(4.40)计算其子节点传播的值,直至所有节点的信度值都被计算;态势节点按式(4.35)计算其信度值。

4.4.2　气象环境建模

影响飞机飞行安全的气象条件主要有气温和气压、风、云、能见度、雷暴、风切变、大气紊流、日/月光照强度等,如表4.6所列,其中风切变、雷暴和紊流的影响最为显著,分别予以建模。

表4.6　主要气象条件一览表

序号	气象条件	序号	气象条件
1	气温和气压	5	风切变
2	云	6	大气紊流
3	能见度	7	日/月光照强度
4	雷暴		

1. 雷暴模型

雷暴天气形式复杂,很难建立起描述其内部结构的准确数学模型。可从定性评估天气对飞机安全的影响程度,采用一定高度范围内的圆柱体近似表示雷暴的影响区域,用飞机与雷暴中心的距离 R_w 和雷暴影响区的半径 R 的关系来表征飞机在雷暴天气影响下的危险程度 U。实际中飞机的危险程度与 R_w 的关系如图4.9所示。其中 $\xi(0<\xi<1)$ 为事先根据经验和指挥员对飞机安全的要求,设定的飞机处于雷暴天气中的危险程度。通常的做法是根据降雨率判断雷暴的强度,再根据雷暴的强度判断 ξ 的大小。在实际的飞行中,飞机可通过机载雷达回波分布和强度来探测雷暴区域的平面分布和垂直结构,而雨滴直径、密度以及雨滴下降速度等因素可以综合反映在降雨率这一参数中。

雷暴影响下飞机的危险程度可表示为

$$U = \begin{cases} \xi & R_w \leq R \\ \xi[1 - 0.5(R_w - R)] & R < R_w < R+2 \\ 0 & R_w \geq R+2 \end{cases} \tag{4.41}$$

2. 风切变模型

目前一般采用工程化仿真模型,即建立能描述风切变现象最本质的机理及

65

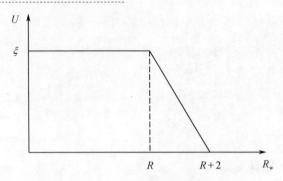

图 4.9　雷暴威胁示意图

运动过程的简化数学模型。这种工程化风切变模型简单灵活,使用方便,又具有较好的真实性。采用轴对称的三维微下击暴流工程化模型,该模型的风场具有平滑连续的特点,比较接近真实的微下击暴流。其水平风速和垂直风速可表示为

$$W_r = f_r \left\{ \frac{100}{[(r-D/2)/200]^2 + 10} - \frac{100}{[(r+D/2)/200]^2 + 10} \right\} \qquad (4.42)$$

$$W_h = -f_h \left[\frac{0.4h}{(r/400)^4 + 10} \right] \qquad (4.43)$$

$$r = \sqrt{(x-x_c)^2 + (y-y_c)^2} \qquad (4.44)$$

$$W_x = \cos\chi_w W_r(r) \qquad (4.45)$$

$$W_y = \sin\chi_w W_r(r) \qquad (4.46)$$

式中:r 为微下击暴流中心 (x_c, y_c) 到飞机质心 (x, y) 的距离;W_x、W_y 为风速的水平分量;χ_w 为水平风速 W_r 的方位角;f_r、f_h 和 D 为风场结构的描述参数;D 为最大水平外流速度的直径。如图 4.10 所示为飞机遭遇微下击暴流模型示意图。

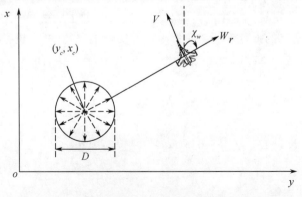

图 4.10　飞机遭遇微下击暴流模型示意图

风切变的探测可通过考查雷达回波的多普勒频移特性来实现。如探测微下击暴流,用雷达信号照射时,首先照射到顶风一侧,顶风区域相对于飞机的速度较高,所以产生的反射回波的多普勒频移明显高于平均多普勒频率。反之,照射顺风一侧时,多普勒频移低于平均多普勒频率。显然,风切变区域的水平风速差越大,对应多普勒频谱的中心频率差就越大,根据多普勒频谱可以计算出微下击暴流区域的直径。

风切变对飞机的潜在威胁程度用危险因子 F 来定量描述,即

$$F = \dot{W}_x / g - W_h / V_a \tag{4.47}$$

式中:$\dot{W}_x$ 为 W_x 的变化率;W_x 为相对于水平飞行航线风切变水平风速分量;W_h 为垂直风速分量;g 为重力加速度;V_a 为飞机真空速。然而实际的机载雷达一般只能探测到沿飞机飞行航线方向的水平风速,由于垂直风速 W_h 对飞机飞行的影响又不能忽视,因此可以采用改进的 F 因子进行评估,即

$$F \approx (V_g / g - Kh / V_a) \Delta W_x / \Delta R \tag{4.48}$$

式中:V_g 为飞机地速;h 为地面以上的高度($h < 300\mathrm{m}$);ΔW_x 为在距离 ΔR 上的径向风速变化;ΔR 为两次风速测量之间的距离。$K = -2$ 为飞机性能下降的风切变,$K = -1$ 为飞机性能上升的风切变,这样的改进适宜于机载雷达的探测。

3. 紊流模型

最常见的两种紊流模型是冯·卡门(Von Karman)模型和德莱顿(Dryden)模型。但前者频谱函数不能在时间域内得到实现,而德莱顿模型是冯·卡门模型的一个近似,能在时域实现仿真。

Dryden 模型三个方向的频谱函数为

$$
\begin{cases}
\Phi_{W_x}(\omega) = \dfrac{\sigma_x^2 L_x}{\pi\ V} \dfrac{1}{[1 + (L_x \omega / V)^2]^2} \\[2mm]
\Phi_{W_y}(\omega) = \dfrac{\sigma_y^2 L_y}{\pi\ V} \dfrac{1 + 3(L_y \omega / V)^2}{[1 + (L_y \omega / V)^2]^2} \\[2mm]
\Phi_{W_z}(\omega) = \dfrac{\sigma_z^2 L_z}{\pi\ V} \dfrac{1 + 3(L_z \omega / V)^2}{[1 + (L_z \omega / V)^2]^2}
\end{cases}
\tag{4.49}
$$

该模型假定大气紊流场各向同性,三个方向紊流尺度的关系为

$$L_x = 2L_y = 2L_z \tag{4.50}$$

三个方向紊流强度的关系为

$$\sigma_x^2 = \sigma_y^2 = \sigma_z^2 \tag{4.51}$$

按照 Dryden 假设,当飞行器(飞机、导弹等)以速度 V 飞行时,飞机所经受的

紊流速度是时间 t 的随机函数,相应的频谱是 $\Phi(\omega)$。对应于某个时间频率 ω,紊流速度为

$$V_W = V_{W_m}\cos(\omega t) \tag{4.52}$$

紊流的威胁度可直接通过其数学模型中的强度 σ 来衡量。在中空/高空($h > 2000$ 英尺)时,紊流尺度 $L_x = 2L_y = 2L_z = 1750\mathrm{ft}$,紊流强度 $\sigma_x = \sigma_y = \sigma_z$ 是超越概率的函数。

在低空时,紊流尺度可表示为

$$\left.\begin{array}{l} 2L_z = h \\[2mm] L_x = 2L_y = \dfrac{h}{(0.177 + 0.000823h)^{1.2}} \\[2mm] L_x = 2L_y = 2L_z = 1000\mathrm{ft} \end{array}\right\} \quad \begin{array}{l} 10 < h < 1000\mathrm{ft} \\[4mm] h > 1000\mathrm{ft} \end{array}$$

紊流强度可表示为

$$\sigma_z = 0.1u_{20}$$

$$\frac{\sigma_x}{\sigma_z} = \frac{\sigma_y}{\sigma_z} = \begin{cases} \dfrac{1}{(0.177 + 0.000823h)^{1.2}} & h \leqslant 1000\mathrm{ft} \\[3mm] 1 & h > 1000\mathrm{ft} \end{cases}$$

式中: u_{20} 为 20ft 高度上的风速,也是超越频率的函数。

4.4.3 贝叶斯决策模型

1. 贝叶斯网络的建立

贝叶斯网络推理是在给定网络模型和已知条件的情况下,利用条件概率计算出感兴趣节点的发生概率。较为常见的推理模式主要有两种:因果推理和诊断推理。另外,在诊断推理中还可嵌入因果推理,形成更复杂的推理形式。生存力决策是一个典型的诊断推理过程,即将态势看作推理的结果,事件看作原因,而从传感器和其他情报支持系统获得的信息则看作是检测到的证据。从检测事件的发生开始,事件对态势的影响通过贝叶斯网络的后向传播机制得到,目的是在已知发生了某些事件后,得到该事件的变化对态势变化的影响结果和发生的概率。只考虑飞机在气象威胁强度(WL)、敌方火力威胁强度(TL)、飞机健康状况(HL)三个因素作用下的生存力决策研究,决策结果(DR)为正常飞行(ZC)或规避机动(GB)。这里气象威胁强度利用前面的方法得到,并采用模糊隶属度函数评定威胁强度为强(High)、中(Mid)、弱(Low)的概率。以雷暴为例,定义雷暴威胁强度为强、中、弱的概率分别为 r_H、r_M、r_L,使用岭形隶属度函数可表示为

$$r_H(U) = \begin{cases} 0 & U < 0.6 \\ 0.5 + 0.5\sin\left[\left(\dfrac{\pi}{0.2}\right)(U - 0.7)\right] & 0.6 \leqslant U \leqslant 0.8 \\ 1 & U > 0.8 \end{cases} \quad (4.53)$$

$$r_M(U) = \begin{cases} 0.5 + 0.5\sin\left[\left(\dfrac{\pi}{0.2}\right)(U - 0.7)\right] & 0.2 \leqslant U < 0.4 \\ 1 & 0.4 \leqslant U < 0.6 \\ 0.5 - 0.5\sin\left[\left(\dfrac{\pi}{0.2}\right)(U - 0.7)\right] & 0.6 \leqslant U < 0.8 \\ 0 & \text{其他} \end{cases} \quad (4.54)$$

$$r_L(U) = \begin{cases} 1 & U < 0.2 \\ 0.5 - 0.5\sin\left[\left(\dfrac{\pi}{0.2}\right)(U - 0.7)\right] & 0.2 \leqslant U \leqslant 0.4 \\ 0 & U > 0.4 \end{cases} \quad (4.55)$$

对于任意的雷暴威胁强度 U,有 $r_H(U) + r_M(U) + r_L(U) = 1$,如图 4.11 所示。对于风切变或紊流,可以采用同样的方法得到其威胁强度属于强、中、弱的概率。

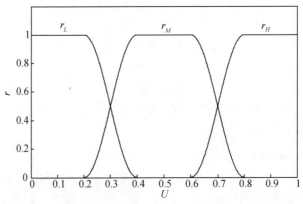

图 4.11　雷暴威胁强度的隶属度函数图

对于贝叶斯网络中的另外两个节点,火力威胁强度和飞机健康状况分别指定属于强、中、弱的概率和损伤(Damage)、良好(Good)的概率。最终建立的生存概率决策的贝叶斯网络如图 4.12 所示。

2. 条件概率表的构造

一旦贝叶斯网络构造完成,下一个任务就是构造条件概率表。对于没有父

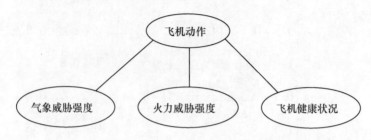

图 4.12　生存力决策的贝叶斯网络

节点的变量,只要对节点变量可能的状态赋予一个初始的概率即可,此时广泛咨询专家的意见,综合多方面的信息是非常重要的。如果对于节点变量赋予同样的概率,则表明对于其变量一无所知,假设初始时刻正常飞行和规避机动的概率均为 0.5。

具有父节点的变量的概率分布比较复杂。随着父节点变量的增加和节点变量状态的增加,条件概率表可能会变得很庞大,对于其概率的确定也更加困难。这些概率可以通过专家的经验获得,也可以通过计算机对原有数据进行统计学习来获得。

为了降低条件概率表的获取难度,通常有两种方法:一是减少父节点个数和父节点可能状态的个数;二是通过增加中间节点来减少一个变量的父节点个数。其中第二种方法是切实可行的,它对于复杂系统的网络构造和学习是非常有用的。对于图 4.12 所示的贝叶斯网络,其条件概率描述如下:

(1) 如果决策结果为正常飞行,气象威胁强度为强、中、弱的概率分别为 0.1、0.4、0.5;如果决策结果为规避机动,气象威胁强度为强、中、弱的概率分别为 0.6、0.3、0.1。

(2) 如果决策结果为正常飞行,敌方火力威胁强度分别为强、中、弱的概率为 0.1、0.4、0.5;如果决策结果为规避机动,敌方火力威胁强度为强、中、弱的概率分别为 0.55、0.4、0.05。

(3) 如果决策结果为正常飞行,飞机健康状况为损伤和良好的概率分别为 0.2、0.8;如果决策结果为规避机动,飞机健康状况为损伤和良好的概率分别为 0.5、0.5。

最终获得条件概率表如表 4.7 所列。需要说明的是,条件概率难免存在一定的主观性,可以采用样本数据反复调试的方法,对矩阵数据进行适度调整,以提高决策结果的可信性。

表 4.7　决策变量的条件概率表

	P(WL|DR)			P(TL|DR)			P(HL|DR)	
	强	中	弱	强	中	弱	损伤	良好
正常飞行	0.1	0.4	0.5	0.1	0.4	0.5	0.2	0.8
规避机动	0.6	0.3	0.1	0.55	0.4	0.05	0.5	0.5

4.4.4　仿真结果

在仿真初始时刻,正常飞行和规避机动的先验概率均为 0.5,这反映了决策者由于信息匮乏导致对飞机即将进入的飞行状态的可能性估计不充分,认为正常飞行和规避机动的可能性均相近。初始化后,决策系统等待三个叶节点(气象威胁强度、火力威胁强度和飞机健康状况)的更新,当任一叶节点获得新信息时,则触发该贝叶斯网络的推理,更新每一个网络节点的概率分布,最终获取根节点决策状态的概率分布,完成一次生存力决策。

1. 影响因素更新下的决策

假设某一时刻飞机前方出现微下击暴流形式的风切变,以此为例说明飞机生存力决策系统的整个决策过程。选用前面介绍的风切变模型,飞机飞行速度 225 m/s,$\chi_w = 90°$,风场结构参数 $f_r = f_h = 2.0$,$D = 2000\text{m}$。计算该气象威胁的强度为强、中、弱的概率分别为 0.8、0.2、0,飞机根据实时情报,得到火力威胁强度和飞机健康状况,仿真结果如表 4.8 所列。

表 4.8　仿真结果

序号	λ	Bel
1	$\lambda_{WL} = [0.8, 0.2, 0]$	[0.229, 0.771]
	$\lambda_{TL} = [0.1, 0.4, 0.5]$	
	$\lambda_{HL} = [0.2, 0.8]$	
2	$\lambda_{WL} = [0.8, 0.2, 0]$	[0.186, 0.814]
	$\lambda_{TL} = [0.4, 0.4, 0.2]$	
	$\lambda_{HL} = [0.2, 0.8]$	

由表 4.8 可见,由于气象威胁强度较强,飞机执行规避机动的概率提高了 27.1%,这一决策与理论分析一致。

在第一次仿真的基础上,再根据情报得知敌方的火力威胁强度为强、中、弱的概率分别为 0.4、0.4、0.2 后,第二次仿真结果如表 4.8 所列。

可见,在气象威胁和敌方火力威胁共同作用下,飞机执行规避机动的概率提高到了 81.4%,在先验概率为 0.5 的情况下,此时应该及时执行规避机动,避开外界的不安全因素,提高飞机的生存概率。

2. 先验概率对决策结果的影响

设定飞机执行正常飞行和规避机动的先验概率均为0.5,讨论先验概率的变化对决策结果的影响。若初始时刻飞机执行正常飞行和规避机动的先验概率分别为0.39和0.61,重新进行仿真试验,则此时的仿真结果如表4.9所列。

比较表4.8和表4.9可见,规避机动的先验概率为0.5,虽然叶节点的气象威胁强度相同,但由于先验概率的作用,飞机执行规避机动的概率分别增大为84.1%和87.3%,较于表4.8增加了7%和5.9%,其原因在于先验概率相当于上一时刻的决策结果对下一时刻决策的影响,由于上一时刻飞机本来已经决策为执行规避机动,当下一时刻再遭遇气象威胁,规避机动的执行度应该得到提高。可见,采用贝叶斯网络进行生存力决策的结果与人类专家的评估结果是相当吻合的,这说明该方法不仅是一种科学合理的推理方法,而且具有信息累积能力,是一种可以良好应用人类知识的专家系统。

表4.9 仿真结果

序号	λ	Bel
1	$\lambda_{WL}=[0.8,0.2,0]$ $\lambda_{TL}=[0.1,0.4,0.5]$ $\lambda_{HL}=[0.2,0.8]$	$[0.159,0.841]$
2	$\lambda_{WL}=[0.8,0.2,0]$ $\lambda_{TL}=[0.4,0.4,0.2]$ $\lambda_{HL}=[0.2,0.8]$	$[0.127,0.873]$

雷暴和大气紊流情况下的飞机生存力决策方法与风切变相同。根据模型计算出不同气象条件的威胁强度,依据隶属度函数得到威胁强度分别为强、中、弱的概率,结合敌方火力威胁和飞机健康状况,利用建立的贝叶斯网络对飞机进行生存力决策,以确定下一步是执行正常飞行还是规避机动。

第5章
战术使用对飞机生存力的影响分析

从生存力提高的角度来看,战术是指在敌方环境中,在能够完成任务的情况下,对一组可选方案进行恰当的选择,依靠不同的任务完成方式而获得生存力提高的一种方法。在飞行任务计划、飞行剖面和编队等活动中,战术的使用可以使得飞机在威胁中的暴露程度降至最低,同时也发挥了飞机的性能和武器投放能力,例如高速飞行、规避机动、回避已知威胁区域、远距离投放武器和超低空飞行等。因此,避免与威胁接触以及使用合理的战术使用是提高飞机作战生存力的有效技术手段。

5.1 规避机动对击中概率的影响

飞机和导弹规避问题,大多数是从控制算法的角度考虑,未考虑飞机的规避机动对生存力的影响。这里假设飞行员除了采取规避机动外不采取任何其他对抗导弹的技术或手段,用蒙特卡罗方法来研究规避机动方式对导弹击中概率的影响,从而量化分析战术运用对提高飞机生存力的有效性。

5.1.1 飞机运动模型

建立飞机的三自由度运动模型,并假设在战斗过程中飞机的质量 m 保持不变。
飞机运动学方程为

$$\begin{cases} \dfrac{\mathrm{d}x_t}{\mathrm{d}t} = V_t\cos\theta_t\cos\varphi_t \\[2mm] \dfrac{\mathrm{d}y_t}{\mathrm{d}t} = V_t\sin\theta_t \\[2mm] \dfrac{\mathrm{d}z_t}{\mathrm{d}t} = -V_t\cos\theta_t\sin\varphi_t \end{cases} \tag{5.1}$$

飞机动力学方程为

$$
\begin{cases}
\dot{V}_t = g(n_{tx} - \sin\theta_t) \\
\dot{\theta}_t = \dfrac{g}{V_t}(n_{ty} - \cos\theta_t) \\
\dot{\varphi}_t = -n_{tz}g/(V_t\cos\theta_t)
\end{cases}
\tag{5.2}
$$

式中:(x_t, y_t, z_t) 为飞机在惯性坐标系的位置;V_t、θ_t、φ_t 为飞机的速度、航迹俯仰角和航迹偏转角;n_{tx} 为速度方向的过载;n_{ty}、n_{tz} 分别为俯仰方向和偏航方向的过载。

5.1.2 导弹运动模型

1. 导弹弹体动力学模型的建立

1) 弹体质心运动的动力学方程

工程实践表明,对于研究导弹弹体质心的运动来说,选取弹道固连坐标系最为方便,把地面坐标系 $OXYZ$ 作为惯性坐标系可以保证所需要的准确度。作用在导弹上的力在弹道坐标系三轴上的投影应包括重力 G、推力 P 和气动力 R 的投影。

这样,由弹道固连坐标系三轴所描述的质心运动的动力学方程为

$$
\begin{cases}
m\dfrac{\mathrm{d}V}{\mathrm{d}t} = P\cos\alpha\cos\beta - X - mg\sin\theta \\
mV\dfrac{\mathrm{d}\theta}{\mathrm{d}t} = P\sin\alpha + Y + mg\cos\theta \\
mV\cos\theta\dfrac{\mathrm{d}\psi_v}{\mathrm{d}t} = P\cos\alpha\sin\beta - Z
\end{cases}
\tag{5.3}
$$

式中:V 为导弹速度;m 为导弹质量;ψ_v 为弹道偏角;θ 为弹道倾角;α、β 分别为导弹迎角、侧滑角;X、Y、Z 为气动力 R 在弹道坐标系三个坐标轴上的投影。

2) 弹体绕质心转动的动力学方程

为了方便起见,取弹体坐标系为动坐标系,并假定弹体坐标系为惯性主轴,不考虑质心相对于弹体的移动。另外,假设导弹无滚转,把导弹的一般运动分解为纵向和侧向运动,再设导弹分别关于弹体坐标系中的 XOY 和 XOZ 面对称,可得

$$
\begin{cases}
\sum M_x = 0 \\
J_y\dfrac{\mathrm{d}\omega_y}{\mathrm{d}t} = \sum M_y \\
J_z\dfrac{\mathrm{d}\omega_z}{\mathrm{d}t} = \sum M_z
\end{cases}
\tag{5.4}
$$

式中：J_y，J_z 为导弹绕弹体坐标系轴的转动惯量；ω_y，ω_z 为导弹相对于地面坐标系的旋转角速度在弹体坐标系上的投影；$\sum M_x$，$\sum M_y$，$\sum M_z$ 为作用在导弹上的所有外力对弹体坐标系 3 个轴的力矩之代数和。

2: 导弹弹体运动学模型

为了求出导弹质心在空间移动的规律（即弹道）和导弹在空间的姿态角变化规律。参照一般战术导弹，可以建立导弹重心移动的运动学方程为

$$\begin{cases} \dfrac{\mathrm{d}x}{\mathrm{d}t} = V\cos\theta\cos\psi_v \\[2mm] \dfrac{\mathrm{d}y}{\mathrm{d}t} = V\sin\theta \\[2mm] \dfrac{\mathrm{d}z}{\mathrm{d}t} = -V\cos\theta\sin\psi_v \end{cases} \tag{5.5}$$

同理，参考一般战术导弹方程，不考虑导弹绕纵轴转动时，可建立弹体绕质心旋转的运动学方程为

$$\begin{cases} \dfrac{\mathrm{d}\vartheta}{\mathrm{d}t} = \omega_z \\[2mm] \dfrac{\mathrm{d}\psi}{\mathrm{d}t} = \dfrac{\omega_y}{\cos\vartheta} \\[2mm] \dfrac{\mathrm{d}r}{\mathrm{d}t} = 0 \end{cases} \tag{5.6}$$

式中：ϑ 为俯仰角；ψ 为偏航角；γ 为滚转角。

5.1.3　仿真试验方案设计

在合适的距离上采取适当的机动，飞机对导弹的规避必然可以实现，但由于飞机和导弹速度太快，初始机动距离和时机难以掌握。若设飞机在 t_0 开始执行某一超机动，该机动在 t_1 时刻结束，飞机再以 t_1 时刻的速度匀速飞行，那么不研究飞机在 $t_0 \sim t_1$ 时刻间的具体状态，而是以 t_1 为初始时刻，考查该时刻飞机与导弹的距离以及飞机机动方向对生存力的影响。

为最大程度上研究战术机动对飞机生存力的影响，暂不考虑导弹制导机理在导弹攻击时的限制，仅以导弹的极限过载作为限制条件。

由于空空导弹发动机工作时间较短，一般只有几秒钟，飞机对导弹的规避一般在飞机—导弹遭遇的末阶段，不考虑导弹推力作用。飞机和导弹都被视为质点，且始终处于同一水平面内。攻击导弹按比例导引规律飞行，由于不考虑制导机理造成的限制，可认为导弹始终可以跟踪飞机，但由于自身过载的限制，在过载达到极限过载时无法按预定导引轨迹飞行，按极限过载飞行而出现较大的脱

靶量,导致无法击中目标飞机。

假设机动后的飞机机动方向在水平面内在$[0,2\pi]$上服从均匀分布,目标飞机始终按$[0,2\pi]$上随机生成的航向匀速飞行且始终处于导弹视场内,则认为导弹视场无限制。不考虑导弹工作时间以及引信作用范围的限制,导弹实时测量自身和飞机的相对位置,当两者之间距离最小时,引爆导弹。如导弹爆炸时导弹和飞机的相对距离小于杀伤半径,则认为飞机被击中;反之,则未被击中。经过多次仿真试验,统计击中次数与试验次数之比,即击中概率。飞机易损性为1,即击中就意味着飞机完全损毁,所以用击中概率来衡量飞机的敏感性和生存力。

5.1.4 飞机生存力计算

导弹和飞机遭遇问题一般采用的坐标系有惯性坐标系、地理坐标系和相对坐标系等。对作用距离较近的导弹而言,可以认为惯性坐标系和地理坐标系是一致的。依据坐标系的建立,导弹和飞机的相对运动,定义比例导引法的法向过载为

$$n_y = \frac{V}{g}\frac{\mathrm{d}\gamma}{\mathrm{d}t} \tag{5.7}$$

式中:g 为当地重力加速度。

在水平平面内,导弹升力等于自身重力,则导弹切向加速度为

$$\frac{\mathrm{d}V}{\mathrm{d}t} = -\left[c_{D0} + A\left(\frac{2Mg}{\rho V^2 s}\right)^2\right] \cdot \frac{1}{2}\rho V^2 s/M \tag{5.8}$$

式中:c_{D0} 为导弹零升阻力系数;A 为导弹极曲线弯度系数(超音速攻击时 $A \approx \sqrt{Ma^2 - 1/4}$,$Ma$ 为导弹飞行马赫数);M 为导弹质量;ρ 为当地空气密度;s 为导弹的特征面积。

飞机生存概率以生存力 P_S 表示,即

$$P_S = 1 - P_H P_{K/H} \tag{5.9}$$

式中:P_H 为飞机的击中概率;$P_{K/H}$ 为飞机易损性概率。此处,不考虑飞机易损性的影响,令 $P_{K/H}=1$。而击中概率由仿真试验统计得到,在仿真试验中,导弹爆炸时刻的脱靶量 σ 小于或等于导弹杀伤半径 L,则认为飞机被击中。进行 n 次仿真试验,有 m 次击中,则有

$$P_H = m/n \tag{5.10}$$

5.1.5 算例与分析

1. 模型验证

首先,提出以下基本假设:

（1）不考虑飞机和导弹质量变化，导弹无推力且其切向速度只与气动阻力有关。

（2）无论飞机如何机动，始终在导弹视场内。

（3）不考虑导弹控制系统动态延迟。

为了验证采用模型的合理性，对导弹迎头和尾追攻击两种情况下飞机以不同过载盘旋来规避导弹的常规机动方式进行仿真，如图 5.1 所示。设定起爆条件为导弹和飞机之间距离最小。

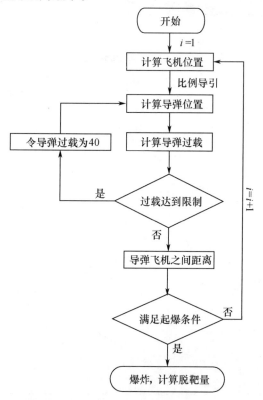

图 5.1　仿真流程图

设仿真高度为 8km，导弹比例导引系数 $K = 4$，质量 $M = 100$kg，初速度 $V = 800$m/s，飞机速度 $V_T = 260$m/s，在不同距离上以不同过载 n_y 进行机动盘旋以规避导弹，如图 5.2～图 5.4 所示，初始距离为 t_0 时刻导弹与飞机之间的距离。

图 5.2～图 5.4 只是对某一定距离上进行转弯规避的结果。结果表明：仅考虑极限过载限制的情况下，比例导引导弹在整个攻击过程中未出现达到限制过载的情形，爆炸点均在导弹杀伤半径内，可以 100% 击中以常规机动规避的飞

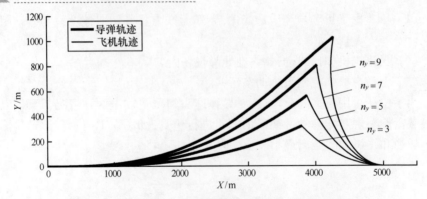

图 5.2　迎头攻击,初始距离 5km,飞机不同过载规避

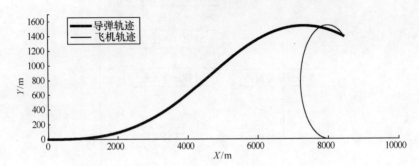

图 5.3　迎头攻击,初始距离 8km,飞机过载 $n_y = 9$

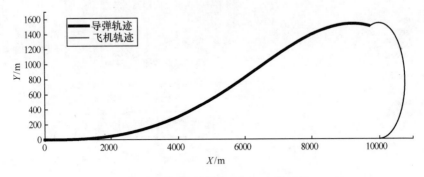

图 5.4　尾追攻击,初始距离 10km,飞机过载 $n_y = 9$

机。这一结果符合实际,表明建立的模型正确,可以进行仿真试验。

2. 仿真结果

由此可以看出,对于高极限过载的现代导弹的攻击,常规机动基本无法规避,但是如果考虑制导机理、导弹视场、自然环境等因素的影响和特殊的机动规避时机和方向,不排除规避成功的可能性。同时,现代优秀战机已具备了超机动的能力,基于此,令仿真试验的初始时刻为 t_1 ,此时飞机的速度方向为均匀分布的随机变量, t_1 之后飞机沿该方向匀速直飞。仅考虑飞机机动结果对于飞机生存力的影响,而不研究在此之前飞机机动的过程。

结合 5.1.3 节中方案设计所述,进行飞机生存力蒙特卡罗仿真。仿真试验条件为:高度 8km,导弹比例导引系数 $K = 4$,质量 $M = 100kg$,初速度 $V = 800m/s$;考虑飞机实施超机动后速度损失很大, $V_T = 100m/s$; $\lambda = \gamma = 0$,初始机动方向 η_T 在 $[0, 2\pi]$ 上服从均匀分布。

置信概率为 95.4% ,模拟误差不大于 0.05 时,蒙特卡罗仿真试验的次数为400。结合如图 5.1 所示的流程,在单次仿真结束后,考查脱靶量,如脱靶量小于10m,则认为飞机被击中;反之,则未被击中。400 次仿真结束后,统计击中次数 m ,计算飞机击中概率 $P_H = m/400$,飞机生存概率 $P_S = 1 - P_H$ 。首先以 50m 为间隔,对不同初始距离上飞机机动造成的脱靶量进行了仿真,得到的结果是初始距离为 $100 \sim 300m$ 时,飞机才有机会使得导弹的脱靶量大于 10m,在其他机动初始距离上的 400 次仿真中脱靶量均未出现大于 10m 的情形。这意味着实际中飞机在执行一定的超机动之后,如果刚好和导弹之间的距离在 $100 \sim 300m$ 之间,那么飞机就有机会规避成功。图 5.5 为机动初始距离为 300m 时,400 次仿真对应的脱靶量,得到该距离上飞机生存概率为 0.0300;图 5.6 为机动初始距离 200m 时 400 次仿真对应的脱靶量,得到该距离上飞机生存概率为 0.3475。

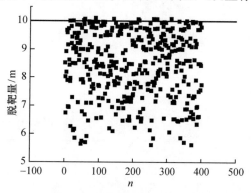

图 5.5　300m 距离 400 次仿真结果

其次以 20m 为间隔,考查机动的初始距离与飞机生存概率的关系,如图 5.7 所示。

对于特定的初始距离,考查不同的机动初始方向 γ_T 对应的脱靶量,如图 5.8 所示。由于 $[0, \pi]$ 和 $[\pi, 2\pi]$ 上的情况是对称的,这里只给出飞机机动方向在 $[0, \pi]$ 上时导弹的脱靶量。

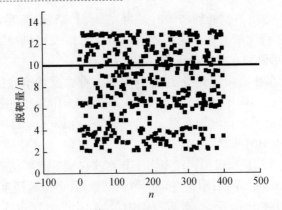

图 5.6　200m 距离 400 次仿真结果

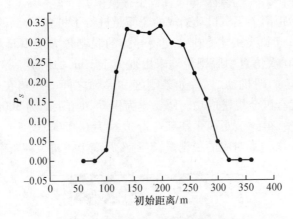

图 5.7　初始距离与生存概率的关系

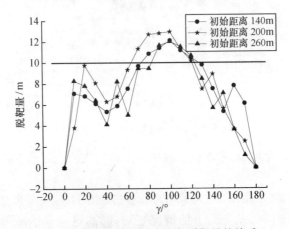

图 5.8　飞机机动初始方向与脱靶量的关系

直接以脱靶量 σ 来表述导弹的击中概率,即

$$P_H \approx \frac{A_P}{2\pi\sigma^2 + A_P} \tag{5.11}$$

式中:A_P 为飞机的迎击面积。显然可见机动初始方向 η_T 为 $\pm 70° \sim \pm 120°$ 之间导弹击中概率较低,此时飞机获得较高的生存概率。

虽然仿真是在 $\lambda = \gamma = 0$ 的初始条件下进行的,但是只要初始条件满足 $\lambda = \gamma$,由此得到的结论仍不失一般性。

3. 结论分析

仿真试验之所以未对飞机速度的变化做出研究,原因在于飞机执行超机动之后速度往往很低,如对其实施大幅变化将不符合实际。仅基于理论需要,对飞机速度变化做出了仿真,结论是飞机机动速度越大,生存力越高,这是符合实际的。

综上所述,可得到以下结论:

(1) 仅靠常规的机动几乎无法规避现代极限过载高的导弹,但考虑飞机机动的方式和时机,实施适当的战术机动可以使飞机生存力得到提高。

(2) $\lambda = \gamma$ 的条件下,机动的初始距离和方向对飞机生存力影响较大。分析结果表明,初始距离为 $100 \sim 300\mathrm{m}$ 和机动方向为 $\pm 70° \sim \pm 120°$ 之间间可以较好地提高规避成功率,从而提高飞机的生存力。

(3) 现代战机充分利用自身优秀的超机动能力,再结合干扰、遮蔽等其他对抗战术,将会使飞机生存力的设计特性得到更好的体现。

5.2　战术突防对探测概率的影响

实际战场中仍以雷达为主要的探测装备,以雷达代表所述的非终端威胁,以战术突防对雷达探测概率的影响为代表来分析战术使用对非终端威胁的影响。

在战场环境一定的情况下,如认为雷达性能参数不发生变化,则该次特定遭遇中雷达对目标的探测概率主要受两者间的距离和目标 RCS 的影响,战术突防的目的便是通过改变飞机与雷达的相对距离以及自身的 RCS 特性,使得飞机在飞行过程中获得较为满意的生存概率。航路规划可以使得战术突防的效果明显地体现出来,但是战术突防与航路规划的不同之处在于战术突防是决策指令,而航路规划是实现战术突防的一种技术支持手段,而且二者在优化目标函数和约束条件两个方面均存在差别。所以引入航路规划方法,重点不是算法研究,而是考查引入航路规划的思想后,对飞机生存力的影响程度和

效果。

5.2.1　航路规划概述

航路规划(Route Planning)是指在特定约束条件下,寻找飞行器从起始点到目标点满足某种性能指标最优的运动轨迹。从常规的航路规划系统来看,其主要功能是帮助机组人员和/或作战任务规划人员为执行任务的飞行器选择具有最低损耗危险通过敌人防御区域的航路。例如,借助美国空军的任务支援系统II(MSSII)及其后继的空军任务支援系统(AFMSS)可以在地形数据上设定威胁,得到考虑地形遮蔽影响的威胁空间,用于选择飞机的最优任务航路,可以在确定的飞机性能、燃油量和武器装备性能以及自然地理环境下选择合理的飞行航路,使飞行器可能受到敌方防御力量的攻击降低到最低限度,在很大程度上提高飞行器的突防概率。因此在军事应用中,航路规划可以为各种突防飞行器规划得到生存概率最大的飞行航路,这是提高飞行器战场生存力和作战效能的有效手段。

航路规划涉及飞行力学、自动控制、导航、雷达、火控、作战效能分析、人工智能、运筹学、计算机和图像处理等多个学科和专业,是综合性的、难度很大的研究课题。一般来说,需要解决以下关键问题:

(1) 地形和敌情信息的获取与处理;

(2) 威胁突防模型;

(3) 航路规划算法。

可见,航路规划中包含了提高生存力这一目标,但是由于航路规划考虑的目标较多,往往无法满足生存力最优这一目标;而且航路规划要满足实时在线规划的需求,通常对威胁进行了极大的简化,大量的精力都集中在算法的有效性研究上。相比之下,战术机动的终极目标是为了获得最优的生存力,所以在目标函数、目标与威胁特征建模等方面与航路规划都存在差别。

5.2.2　战术突防对探测概率的影响分析

对于一部性能一定的雷达,其对飞机的探测主要受两个因素的影响,即飞机的 RCS 以及两者间的距离 R,而飞机的 RCS 又与自身相对于雷达的姿态角显著相关。假定飞机在初始时刻按一定的航迹运动,通过运动学方程计算出各个时刻飞机在大地坐标系下的姿态角度,通过坐标变化,求出雷达观测到的姿态角度,计算出飞机在各个姿态下的 RCS,即飞机随时间变化的 RCS 分布,并根据各个时刻对应的距离和 RCS,可以求得任意时刻飞机被雷达探测到的概率 $P_D(t)$。

现在假设飞机在初始时刻进行了战术机动,改变了自身的姿态角及其与雷达的相对距离,即相当于选择了另外一条航迹飞行,则飞机在不同时刻将对应于另外一个探测概率 $P'_D(t_i)$。

以图 5.9 为例,某战机要从 A 点经 B 点飞至 C 点,当飞机选择的航路为 L_1 时,则在任一时刻存在一个被雷达探测到的概率 $P_D(t)$,它是距离和 RCS 的函数,而距离和 RCS 都是随着时间变化的,设在某一时刻 t_i,探测概率为 $P_D(t_i)$;若飞机从初始时刻选择了另外一条航路 L_2,对应于 t_i 时刻,由于飞机与雷达相对位置及飞机姿态的变化,雷达对飞机的探测概率也将不等于 $P_D(t_i)$,而是 $P'_D(t_i)$。由此可见,飞行员可以通过战术突防,控制飞机与雷达间的相对距离和姿态角,尽量降低被雷达探测的概率,进而获得较高的生存概率。

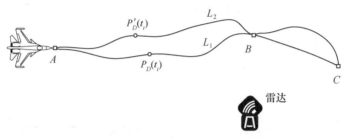

图 5.9　战术突防示意图

5.2.3　数学模型

现有的航迹规划中,凡是涉及飞机与威胁对抗,几乎都是对飞机采用定值 RCS 模型,或认为 RCS 仅是距离的函数,这种简化具有一定的实际意义,且对航路规划问题来说便于计算,但若要从生存力最大化的角度研究航路特性,这种简化显然不符合要求。

1. 飞机运动和 RCS 模型

从航迹的角度研究飞机的运动,假设飞机在某一高度的水平面内以常速度飞行,建立如图 5.10 所示的坐标系,飞机运动方程可表示为

$$\begin{cases} \dot{x} = v\cos\psi \\ \dot{y} = v\sin\psi \\ \dot{\psi} = \dfrac{u}{v} \end{cases} \tag{5.12}$$

式中:x,y 分别为飞机位置的横纵坐标;ψ 为航向角;v 为飞机飞行速度;u 为垂直于速度方向的横向加速度,其大小受飞机实际性能限制,处于某一范围之内。

令

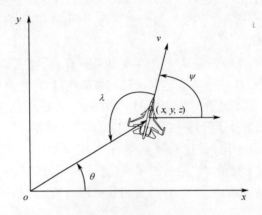

图 5.10　飞机运动坐标系

$$\begin{cases} \theta = \arctan(y/x) \\ \lambda = \theta - \psi + \pi \\ \phi = \arctan(z/\sqrt{x^2 + y^2}) \end{cases} \tag{5.13}$$

式中:θ、λ 和 ϕ 分别为航向角、方位角和航迹俯仰角;z 为飞机的高度。以 g 表示当地的重力加速度,则飞机坡度为 $\mu = \arctan(u/g)$。至此,飞机的 RCS 可表示为飞机的方位角、航迹俯仰角和坡度的函数,即

$$RCS = \sigma(\lambda, \phi, \mu) \tag{5.14}$$

2. 雷达探测模型

飞机运动至任意位置 (x, y, z) 处,会以某一概率被雷达探测到,雷达探测概率是信噪比的增函数。常规雷达为了改善雷达的检测能力,采用脉冲积累,即把多个脉冲迭加起来的办法来有效地提高雷达的信噪比。这样,雷达的探测概率就是信噪比、脉冲积累数和探测门限的函数,但在工程应用中通常采用如下的近似模型计算雷达对目标的瞬时探测概率,即

$$P_d = \frac{1}{1 + (c_2 R^4/\sigma)^{c_1}} \tag{5.15}$$

式中:R 和 σ 分别为探测的瞬间雷达与飞机间的距离以及该时刻飞机的 RCS;c_1、c_2 为常数,具体数值视不同雷达的性能而定。要准确地探测到飞机,需要在一个时间段 T 内对飞机进行连续的探测,则在任意时刻 t,雷达对飞机的探测概率满足

$$P_D(t) \leqslant \frac{1}{T} \int_{t-T}^{t} P_d(\tau) \, \mathrm{d}\tau \tag{5.16}$$

3. 模型总结

飞机从出发点飞往目的地,有无数条航路可供选择。本章是通过战术机动,获得一条突防航路,在该航路上,飞机的生存概率最高。当只存在雷达威胁时,生存力最高的航路是雷达探测概率最低的航路,该航路应满足:雷达探测概率的最高值是所有其他航路上雷达探测概率最高值中的最小值。在式(5.12)～式(5.15)以及边界条件的约束下,有

$$\min \max \frac{1}{T} \int_{t-T}^{t} P_d(\tau) \mathrm{d}\tau$$

$$\text{s.t. } t \in [0, T_f], |u| < U \tag{5.17}$$

式中:T_f 为从出发点至目的地所要求的任务时间终点;U 为飞机允许的 u 的最大值。

5.2.4 最佳突防航路求解

为通过战术机动获得符合生存力需求的最佳突防航路,关键在于控制量 u 的求解。为此,对于问题(5.17),引入两个新的状态变量 x_2 和 x_3,使得

$$\begin{cases} \dot{x}_2 = [P_d(t) - P_d(t-T)]/T \\ \dot{x}_3 = 0 \end{cases} \tag{5.18}$$

显然,有

$$x_2 = \frac{1}{T} \int_{t-T}^{t} P_d(\tau) \mathrm{d}\tau \tag{5.19}$$

则式(5.17)转化为

$$\min_{u} \max_{t \in [0, T_f]} x_2 \tag{5.20}$$

把式(5.12)简记为

$$\dot{\boldsymbol{x}} = f(\boldsymbol{x}, u), x = [x, y, \psi]^{\mathrm{T}} \tag{5.21}$$

最终最佳航路求解的问题可转化为最优控制问题,即

$$\min x_3$$

$$\text{s.t.} \quad \dot{\boldsymbol{x}} = f(\boldsymbol{x}, u)$$

$$\dot{x}_2 = [P_d(t) - P_d(t-T)]/T$$

$$\dot{x}_3 = 0 \tag{5.22}$$

$$x_2 - x_3 \leqslant 0$$

$$|u| < U$$

同时,式(5.22)还要受到优化问题的初始和边界条件的约束,此问题的 Hamilton 函数为

$$H = p_x(t)v\cos\psi(t) + p_y(t)v\sin\psi(t) + p_\psi(t)[u(t)/v] + \quad\quad (5.23)$$

$$p_2\{[P_d(t) - P_d(t-T)]/T\}$$

式中:p_x、p_y、p_ψ 和 p_2 为协态变量。相较于常规最优控制问题,式(5.22)的特殊性在于约束条件 $x_2 - x_3 \leq 0$ 的存在,需要分两种情形予以讨论。

(1) 在 $t \in [0, T_f]$ 内,假设 x_2 在 $t_i = \{t_1, t_2, \cdots, t_k\}$ 处取得最大值,那么对于雷达有效探测所需时间为 T 时的情形,在 $[t_i - T, t_i]$ 内,协态方程为

$$\begin{cases} \dot{p}_x = \dfrac{\mu_i}{T}\dfrac{\partial P_d(t)}{\partial x} \\[2mm] \dot{p}_y = \dfrac{\mu_i}{T}\dfrac{\partial P_d(t)}{\partial y} \\[2mm] \dot{p}_\psi = p_x(t)v\sin\psi(t) - p_y(t)v\cos\psi(t) + \dfrac{\mu_i}{T}\dfrac{\partial P_d(t)}{\partial \psi} \\[2mm] \dot{p}_2 = 0 \end{cases} \quad\quad (5.24)$$

式中:$\mu_i > 0$,且 $\displaystyle\sum_{i=1}^{k}\mu_i = 1$。

当 $\partial P_d/\partial u \neq 0$ 时,最优控制的解应满足

$$\frac{p_\psi}{v} - \frac{\mu_i}{T}\frac{\partial P_d}{\partial u} = 0 \quad\quad (5.25)$$

当 $\partial P_d/\partial u = 0$ 时,为使最优控制的哈密顿(Hamilton)函数最大化,显然控制量 u 需取与 p_ψ 同号的最大值,即

$$u = U\mathrm{sign}(p_\psi) \qu\quad\quad (5.26)$$

当 $p_\psi = 0$ 和 $\dot{p}_\psi = 0$ 时,会产生奇异解。例如当状态向量能够满足 $\partial P_d(t)/\partial \psi = 0$,并且 $\tan\psi = p_y/p_x$ 时,由于

$$\dot{p}_\psi = p_x(t)v\sin\psi(t) - p_y(t)v\cos\psi(t) + \frac{\mu_i}{T}\frac{\partial P_d(t)}{\partial \psi} = 0 \ququad\quad (5.27)$$

此状态下对应的便是奇异解的情形。

因此,当 $\partial P_d/\partial u = 0$ 时,最优控制为 bang-bang 控制(如式(5.26))或奇异控制(如式(5.27));当 $\partial P_d/\partial u \neq 0$ 时,最优控制参照式(5.25)。

（2）假设 $[t_j, t_j']$ 为 $[0, T_f]$ 内不同于 $[t_i - T, t_i]$ 的区间，此时的状态方程为

$$
\begin{cases}
\dot{p}_x = 0 \\
\dot{p}_y = 0 \\
\dot{p}_\psi = p_x(t)v\sin\psi(t) - p_y(t)v\cos\psi(t) \\
\dot{p}_2 = 0
\end{cases}
\tag{5.28}
$$

则最优控制为式（5.26）表示的 bang-bang 控制，或者当 $p_\psi = 0$ 并且

$$
p_x(t)v\sin\psi(t) - p_y(t)v\cos\psi(t) = 0
\tag{5.29}
$$

此时最优控制有奇异解。然而式（5.29）等同于

$$
\tan\psi = p_y / p_x
\tag{5.30}
$$

因此对于任何一个上述区间 $[t_j, t_j']$，最优控制应是 bang-bang 控制或奇异控制。

要准确求解式（5.17），需要确定孤立最大值发生处的具体时间 t_i 以及 $[t_i - T, t_i]$ 时间段的边界值，但前面的最优控制求解中并不能得到时间及边界值，因此最优控制的必要条件不能给出式（5.17）的唯一解。所以根据最优性必要条件，采用数值方法对该问题进行求解。在数值求解时，首先选取一条包含若干转弯点的随机航路，以转弯点的坐标作为输入，使用 MATLAB 优化工具箱求解非线性规划问题，即可获得最终满足式（5.17）的机动航路。

5.2.5　仿真算例

以某气动构型验证机模型的 RCS 数据作为计算雷达探测概率的基础，该模型的部分 RCS 数据如图 5.11 所示。

设雷达坐标为 $(0,0)$，入射电磁波为平面波，频率 750MHz，飞机出发点为 $(-40,0)$，终点为 $(0,45)$，飞行速度为 230m/s，$U = 5g$，$T = 30s$，$T_f = 575s$，高度 $z = 8km$。经 MATLAB 求解，获得最佳机动航路如图 5.12 所示，其中圆点为转弯点，黑点为出发点和目的地，黑方块为雷达。

飞机躲避雷达的突防战术指导原则可以概括为：在时间允许范围之内，尽可能地远离雷达；通过调整飞机姿态和航路，避免长时间以较大的 RCS 示向雷达。

由仿真结果可见，最佳机动航路的前段是远离雷达的，其目的是增大飞机与雷达的距离而降低雷达探测概率；后段则需要控制自身相对于雷达的姿态。由于飞机鼻端 RCS 最小，后段航路中离雷达越近时机头越偏向于雷达。仿真结果验证了所建模型的合理性，同时证明了战术突防时通过合理的航路规划，可以对抗雷达对飞机的探测。

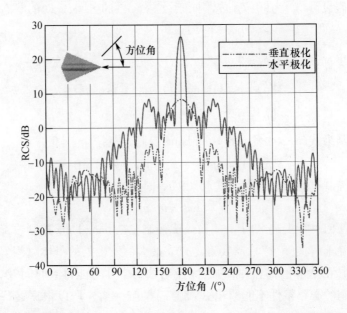

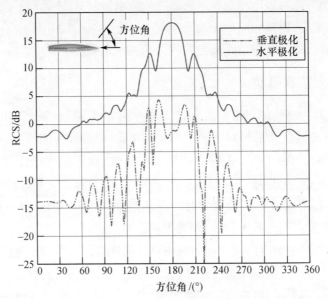

图 5.11　某验证机模型的 RCS

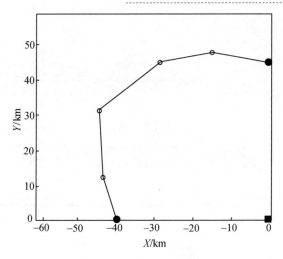

图 5.12　飞机最佳机动航路

第6章
飞机生存力—作战能力多目标优化

从作战使用出发,军用飞机被动承受敌方威胁的生存概率往往并非指挥员追求的唯一目标。绝大多数情况下,军用飞机自主防御系统具有对敌方威胁予以打击的能力,从而一定程度上削弱敌方威胁的能力。因此,考虑飞机任务目标的攻击性要求,分析飞机自身作战能力对飞机生存力的影响,能够更全面理解飞机—威胁—生存力—作战能力之间的相互关系,对实际作战和战术制定具有指导作用。

6.1 作战能力影响下的飞机生存力模型

自主防御系统对飞机生存力的提高,主要通过两种方法来实现:一是在损伤发生之前摧毁威胁源;二是损伤威胁控制系统,降低其功能。两种方法都要对威胁系统予以打击、摧毁或损伤产生工作效果前的威胁,从而消除威胁或使威胁作用降低。因此,计算生存力时,需要考虑军用飞机对威胁的进攻能力,即飞机本身的作战能力。现有的生存力计算模型中,均无法体现出飞机的这种"硬杀伤"能力。军用飞机作为武器平台,对威胁目标的打击能力是客观存在的,特别是现代军机可挂载反辐射导弹、激光武器等先进武器装备。如果不考虑飞机对威胁的作战能力,单纯地把飞机曝露在威胁打击之下,这样得到的结论必然不符合实际。因此,有必要建立一种综合考虑飞机和威胁的生存状态的生存力模型。

6.1.1 作战能力和生存力的关系

评价飞机的作战能力可以用完成指定任务的概率来衡量。以空地威胁对抗为例,飞机的作战能力可表示为飞机成功打击敌方威胁的概率 P_A,即

$$P_A = P_S P_D P_K \tag{6.1}$$

式中：P_S 为飞机的生存力；P_D 为飞机发现目标的概率；P_K 为机载武器杀伤目标的概率，可以表示为击中概率和目标易损性之积。

由式(6.1)可以看出，要成功地打击敌方，首先要确保自身的生存。根据这一思想，下面分析飞机和地面威胁遭遇时飞机的生存力特点。

从整个任务空间来看，飞机生存力的高低体现在具体的战斗任务中。在战场环境下，任务的状态空间描述包括两方面：威胁状态和飞机状态。飞机在执行一次任务的过程中，生存状态取决于威胁的作战能力：威胁的作战能力越强，飞机的生存概率越低。基于"先生存再作战"的思想，威胁的作战能力也受其生存力的影响，而威胁的生存力取决于飞机的作战能力。因此研究飞机的生存力时，就必须考虑飞机作战能力的影响。飞机和威胁间的生存力—作战能力关系如图6.1 所示。

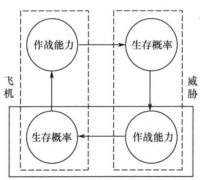

图 6.1　飞机与威胁间的生存力—作战能力关系

图 6.1 实线方框包含的是传统的研究范围，只考虑了威胁的作战能力影响下的飞机生存力，未考虑飞机作战能力对飞机生存状态的影响；而实际上要完整地研究飞机的生存状态，必须考虑图 6.1 中所有箭头指向所包含的相互关系。

6.1.2　基本假设

基于飞机和威胁间的生存力—作战能力关系的思想，提出以下几点基本假设作为分析飞机生存力的基础。

假设 1　飞机和威胁的攻击能力与自身的生存状态正相关：生存状态高时作战能力强，生存状态低时作战能力弱。

假设 2　威胁对飞机进行的搜索、跟踪、开火、击中等事件的发生之间无间隔，即不考虑威胁的反应时间。

假设 3　飞机可以同时攻击多个目标，不考虑飞机对威胁作战的反应时间。

6.1.3 考虑作战能力的飞机生存力模型

1. 模型的提出

飞机遭遇威胁单次攻击后的生存概率为

$$P_S = 1 - P_{KSS} \qquad (6.2)$$

式中：P_{KSS} 为飞机在经受威胁的一次攻击后被"击中且损毁"的概率。

飞机与威胁遭遇时，要遭受威胁的探测发现、稳定跟踪、发射武器、击中并损毁（或未击中）的过程，具体研究时通常对威胁的跟踪和发射予以简化处理，主要考虑飞机被敌方探测系统发现的概率、被威胁传播物击中的概率和击中后飞机损毁的概率。而击中概率和击中后飞机损毁的概率又可以合并为武器对目标的杀伤概率，因此，P_{KSS} 主要受发现概率和杀伤概率这两个因素的影响。

结合图 6.1，可以从威胁的角度把 P_{KSS} 看作是威胁作战能力的表示，并参照飞机作战能力表达式（6.1），有

$$P_{KSS} = P_a = P_s P_d P_k \qquad (6.3)$$
$$P_s = 1 - P_A = 1 - P_S P_D P_K \qquad (6.4)$$

式中：P_a 为威胁的作战能力；P_d 和 P_k 分别为威胁发现飞机和杀伤飞机的概率；P_s 为威胁的生存力。

综合式（6.2）~式（6.4），可得

$$P_S = \frac{1 - P_d P_k}{1 - P_D P_K P_d P_k} \qquad (6.5)$$

2. 发现概率和杀伤概率

考虑到雷达是现代战争中主要的探测手段，假定飞机和敌方威胁都以雷达作为探测对方的工具。对于单个雷达探测的情况，雷达探测概率可以表示为与雷达特征探测性能参数有关的函数。雷达特征探测性能是指雷达在达到最大探测距离时的探测性能，此时雷达接收机能够处理的信噪比对应为最小可检测信噪比。特征探测性能由以下参数确定：虚警概率为 P_{f0} 时，在最大探测距离 R_0 处对于 RCS 为 σ_0 的目标，此时雷达的探测概率为 P_{d0}。对于确定的一部雷达，其虚警概率为一定值，则该雷达对任意距离 R 上任意 RCS 为 σ 的飞机的探测概率可表示为

$$P_D = P_{d0}^{(\sigma_0 R^4)/(\sigma R_0^4)} \qquad (6.6)$$

所以在 N 部雷达共同探测下，对飞机的发现概率为

$$\overline{P}_D = 1 - (1 - P_{D1})(1 - P_{D2}) \cdots (1 - P_{Dn})$$
$$= 1 - \prod_{i=1}^{N} (1 - P_{Di}) \qquad (6.7)$$

要详细研究武器对目标的杀伤概率,需要考虑武器的制导、引战配合特性,并对飞机致命性部件进行辨识和几何简化,严格分析射弹(破片)的分散特性以及射弹(破片)与飞机的交汇等情况,把武器对目标单次打击下的杀伤概率设为定值,其值为武器对目标的击中概率和目标易损性之积。

6.1.4　算例与分析

战场想定为一架飞机(RCS 为 $2m^2$)与地空导弹系统(RCS 为 $20m^2$)遭遇,在机载雷达和地空导弹雷达作用范围内,机载对地攻击导弹和地空导弹的发射不受两者间距离 R 的限制。机载雷达和地空导弹雷达特征探测性能参数如表 6.1 所列。现役导弹的单发杀伤概率一般为 $0.5 \sim 0.9$,设置机载对地攻击导弹和地空导弹对目标的击中概率为 0.8,目标易损性为 0.9。

表 6.1　雷达特征探测性能参数

	机载雷达	地空导弹雷达
R_0/km	55	80
σ_0/m^2	5	2.5
P_{d0}	0.8	0.8
P_{f0}	10^{-6}	10^{-6}

在飞机与地空导弹的距离为 $0 \sim 150km$ 之间时,飞机与威胁单次遭遇并经受威胁单一射击时生存力与距离的关系如图 6.2 所示。

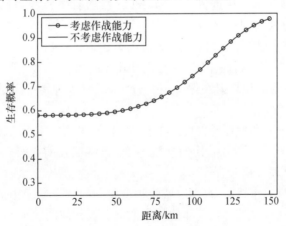

图 6.2　飞机生存力与距离的关系

可见,考虑作战能力后,飞机生存力较原来有一定程度的提高,随着飞机和威胁间距离的缩短,飞机生存力提高的程度更为显著。下面具体分析与飞机作战有关的参数对飞机生存力的影响程度和趋势。

按照作战能力的定义,首先考查机载雷达探测性能参数的变化对飞机生存力的影响。其他参数不变,以机载雷达特征探测性能中的最大探测距离 R_0 为例,当 R_0 为 40km、60km 和 80km 时飞机生存概率如图 6.3 所示。

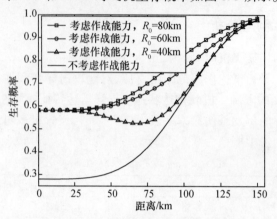

图 6.3 不同 R_0 时飞机生存力变化

在不考虑作战能力影响的情况下,随着飞机与威胁距离的不断减少,飞机生存力是单调递减的。但考虑飞机作战能力后,飞机生存力已不再完全是 R 的单调函数:如果机载武器作战能力一定,而机载雷达最大探测距离较小(如 R_0 为 40km)时,从进入飞机攻击区后,随着飞机与威胁之间距离的减小,由于飞机对威胁目标的作战能力增强,飞机生存力反而有一定程度的提高。另外,机载雷达对威胁目标的探测距离越远,飞机自身作战能力对作战生存力的提高效果体现得越早;但在距离 20km 以内,由于发现概率几乎稳定地趋于 1,而击中概率和易损性保持不变,所以最终三种情况下的作战生存力都保持一致。

由于击中概率和目标易损性的不变性,它们对飞机生存力的影响效果和性质是一致的。图 6.4 给出了其他参数不变、机载武器对目标的击中概率 P'_L 为 0.6、0.7 和 0.9 时飞机生存概率。

不考虑飞机的作战能力,面对威胁程度相同的目标时,飞机的生存状态完全一样;而考虑飞机作战能力后,作战能力的强弱及作战的效果都会对飞机生存力产生影响。P'_L 增大,飞机作战能力增强;目标易损性增大,飞机作战效果变明显,这样都会使得威胁的生存状态降低,从而提高飞机生存力。所以在执行任务时,如果威胁程度相差不大的情况下,应首先选择易损性较高的目标进行攻击,增大飞机的生存概率,以争取完成尽可能多的任务。

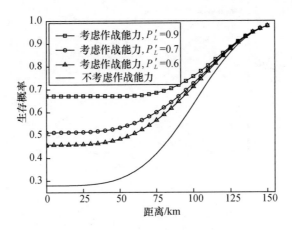

图 6.4　不同 P'_L 时飞机生存力的变化

6.2　多目标优化问题的提出

根据生存力和作战能力的评估模型,可以把它们都看作距离的函数,为更有效地考查它们的变化,首先在研究的距离范围内把生存力和作战能力归一化处理为

$$\overline{P}_S = \frac{P_S - P_{Smin}}{P_{Smax} - P_{Smin}} \quad \overline{P}_A = \frac{P_A - P_{Amin}}{P_{Amax} - P_{Amin}} \tag{6.8}$$

式中:$\overline{P}_S$、$\overline{P}_A$ 为生存力和作战能力的归一化值;P_{Smax} P_{Smin} 和 P_{Amax}、P_{Amin} 分别为生存力的最大值、最小值和作战能力的最大值、最小值。再以 $R_0 = 55$km 为例,把归一化后的生存力和作战能力绘在同一幅图中,如图 6.5 所示。可以看出,无法同时使生存力和作战能力都取得最大值。在对地攻击时,如何选择合适的距离发射机载武器,使飞机生存力和作战能力尽可能地满足实际作战需求,这是一个需要解决的问题。

特定的作战任务对飞机的生存力和作战能力要求是不一样的,如飞机的任务是打击一个极为重要的战略目标,可能以牺牲飞机为代价来完成任务也在所不惜;若飞机的任务目标只是安全突防威胁阵地以完成自己的后续任务,则可能只对威胁发起佯攻,其目的是全力确保自身安全。因此利用多目标优化理论,进行飞机生存力和作战能力的优化,获得 Pareto 解集,再引入权重来表示作战指挥员对飞机生存力和作战能力的偏好,采用逼近理想解的排序方法(TOPSIS)在 Pareto 解集中进行多属性决策分析。

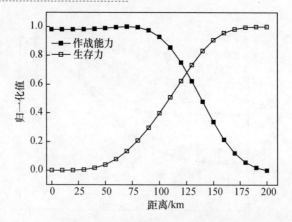

图 6.5　生存力和作战能力的变化

6.3　多目标优化问题的定义

多目标优化(Multi-objective Optimization)问题,又称多准则优化(Multi-crite-ria Optimization)问题、多性能优化(Multi-performance Optimization)问题或向量优化(Vector Optimizationm)问题。实际的工程优化问题大多属于多目标优化问题,其显著特点是目标之间往往是互相冲突的。多目标优化问题的数学表达式为

$$\begin{cases} \min F(X) = [f_1(X), f_2(X), \cdots, f_m(X)] \\ X = [x_1, x_2, \cdots, x_n] \\ \text{s. t.} \quad g_i(X) \leqslant 0 \quad i = 1, 2, \cdots, I \\ h_i(X) = 0 \quad j = 1, 2, \cdots, J \end{cases} \tag{6.9}$$

式中: $f_k(X)$ $(k = 1, 2, \cdots, m)$ 表示优化子目标,分别表示不等式约束和等式约束; X 为设计变量或决策变量。在实际应用中,优化目标也可以是函数值最大化,但需要转化为如式(6.9)所示的形式。

6.4　多目标优化方法

对于多目标优化问题,当 Pareto 最优解集求出来之后,还需要根据决策者的偏好,挑选出最后的折中解或最优解,即对多属性体系结构描述的对象系统做出全局性、整体性的评价,这又属于多属性决策的问题。可将多目标优化技术与多

属性决策方法结合起来,分析飞机生存力和作战能力需求不同时的优化和决策问题。对于多目标优化问题,采用多目标遗传算法求出 Pareto 最优解,由这些 Pareto 最优解构成决策矩阵,根据作战指挥员对飞机生存力和作战能力的不同需求分别赋予权重,然后用逼近理想解的排序方法(TOPSIS)进行最终的作战决策,如图 6.6 所示。

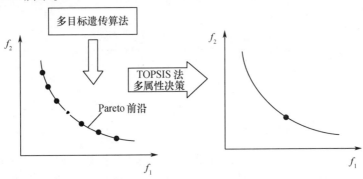

图 6.6 求解和决策过程示意图

6.4.1 Pareto 最优解

多目标优化方法众多,被普遍接受的主流方法多是基于 Pareto 概念提出的,其基本思想是将多个目标值直接映射到一种基于秩的适应度函数中。Pareto 最优解的定义如下:

对于可行解 X^*,当且仅当不存在可行解 X,使得

(1) $f_i(X) \leqslant f_i(X^*)$,$i = 1,2,\cdots,n$;

(2) 至少存在一个 $j = 1,2,\cdots,n$,使得 $f_i(X) < f_i(X^*)$。

两个条件都满足时,可行解 X^* 为一个 Pareto 最优解。

若 X^* 为 Pareto 最优解,则表示在整个解空间中,不存在这样的解:某一个目标比 X^* 对应的目标小的同时,其余 $m-1$ 个目标值均不大于目标值。因此,Pareto最优解往往不止一个,而是一组非劣解集合。Pareto 最优解的共同特点是不能再提高任何一项目标函数性能,否则至少会引起其他一项目标函数性能的下降。所有非劣解构成的集合称为非劣解集(Pareto Solution Set 或 Noninferior Solution Set),非劣解对应的目标值在目标空间中称为非劣点,Pareto 最优解集在优化目标空间构成的分布称为非劣前沿或 Pareto 前沿。对于常见的两目标优化问题,非劣解集在目标空间上为连续或分散的曲线,Pareto 前沿示意图如图 6.7 实线所示。

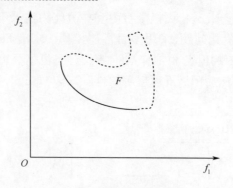

图 6.7　Pareto 前沿示意图

6.4.2　多目标遗传算法

遗传算法模拟达尔文的遗传选择和自然淘汰的生物进化过程,以群体中的所有个体为对象,利用随机化技术对一个被编码的参数空间进行高效搜索,可以在一次优化中搜索到问题的多个非劣解,使优化过程直接面向 Pareto 最优解,避免了效应函数法的缺陷。Schaffer J. D. 在 1985 年提出了向量评估遗传算法(VEGA),开创了遗传算法应用于多目标优化问题的先例,但 VEGA 只不过是单目标遗传算法的扩展,是一种非 Pareto 方法。1989 年,Goldberg 首先提出了一种 Pareto 方法,基于排序(或分级)的概念来计算个体的适应度,通过相应的选择算子使种群在进化过程中朝 Pareto 最优解的方向进化。源于这种思想已产生了多种基于 Pareto 最优解的多目标遗传算法,如 SPEA、NCGA 和 NSGA 等。2001 年,Ded K. 等对 NSGA 算法进行了改进,称此算法为 NSGA – Ⅱ,已成功应用于许多工程优化问题。它是目前较好的多目标遗传算法,其主要特点如下:

(1)采用 Pareto 最优解的快速非劣解等级分类方法,提高了运算速度,保持了合适的选择压力,避免了计算的早熟。

(2)为了保持群体的多样性,防止个体在局部堆积,提出了计算虚拟适应度的方法。它表征了目标空间上的每一点与同等级相邻两点之间的局部拥挤程度,该方法实现了适应度共享,可自动调整小生境,具有较好的鲁棒性。

(3)使用竞赛选择机制,保留优良个体,淘汰较差个体,使优化朝 Pareto 最优解的方向进行并使解均匀分布。具体过程为:随机选取两个个体进行比较,如果非劣解等级不同,则保留等级高的个体;否则,如果个体在同一等级上,则保留处在比较稀疏区域内的个体。

(4)采用父代与子代种群结合在一起选取优良个体的精英保留策略,提高了算法的计算收敛速度。首先,将父代和子代全部个体合并为一个新种群,然后对新种群按非劣解等级分类并计算每一个体的局部拥挤距离。使用竞赛选择机制逐一选取个体直到个体总数达到种群的个数,从而产成新一代的父代种群,最后在此基础上开始新一轮的选择、交叉和变异,形成新的子代种群。

NSGA – Ⅱ算法流程如图 6.8 所示。

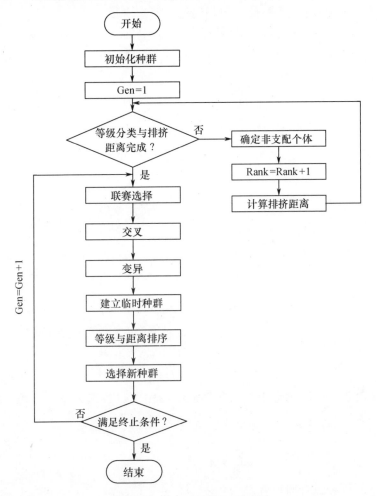

图 6.8 NSGA – Ⅱ算法流程

6.4.3 TOPSIS 方法

TOPSIS 是逼近理想解的排序方法(Technique for Order Preference by Similarity to Ideal Solution)的英文缩写,它借助多属性决策问题的理想解和负理想解给方案集中的各方案排序。

理想解 x^* 是一个方案集 X 中虚拟的最佳方案,它的每个属性值都是决策矩阵中该属性最好的值;而负理想解 x^0 则是虚拟最差方案,它的每个属性值都是决策矩阵中该属性最差的值。将方案集 X 中的各备选方案 x_i 与理想解 x^* 和负理想解 x^0 的距离进行比较,既靠近理想解又远离负理想解的方案就是方案集 X 中的最佳方案,使用的距离测度为欧氏距离。

对于一个 n 属性的决策问题,若有 m 个方案,TOPSIS 法的计算步骤如下。

(1) 求解规范化决策矩阵。设多属性决策问题的决策矩阵 $Y = \{y_{ij}\}$,规范化决策矩阵 $Z = \{z_{ij}\}$,则有

$$z_{ij} = \frac{y_{ij} - \min_i \{y_{ij}\}}{\max_i \{y_{ij}\} - \min_i \{y_{ij}\}} \quad i = 1, \cdots, m; j = 1, \cdots, n \qquad (6.10)$$

(2) 构成加权规范化矩阵 $X = \{x_{ij}\}$。设有决策者给定的 $\boldsymbol{\omega} = [\omega_1, \omega_2, \cdots, \omega_n]^T$,则有

$$x_{ij} = \omega_j z_{ij} \quad i = 1, \cdots, m; j = 1, \cdots, n \qquad (6.11)$$

(3) 确定理想解 x^* 和负理想解 x^0。设理想解 x^* 的第 j 个属性值为 x_j^*,负理想解 x^0 的第 j 个属性值为 x_j^0,则有

$$x_j^* = \begin{cases} \max_i \{x_{ij}\} & j \text{ 为效益型属性} \\ \min_i \{x_{ij}\} & j \text{ 为成本型属性} \end{cases} \qquad (6.12)$$

$$x_j^0 = \begin{cases} \max_i \{x_{ij}\} & j \text{ 为成本型属性} \\ \min_i \{x_{ij}\} & j \text{ 为效益型属性} \end{cases} \qquad (6.13)$$

(4) 计算各方案到理想解与负理想解的距离。备选方案 x_i 到理想解的距离为

$$d_i^* = \sqrt{\sum_{j=1}^n (x_{ij} - x_j^*)^2} \quad i = 1, \cdots, m \qquad (6.14)$$

备选方案到负理想解的距离为

$$d_i^0 = \sqrt{\sum_{j=1}^n (x_{ij} - x_j^0)^2} \quad i = 1, \cdots, m \qquad (6.15)$$

(5) 计算综合评价指数 C_i^*

$$C_i^* = d_i^0 / (d_i^0 + d_i^*) \quad i = 1, \cdots, m \qquad (6.16)$$

(6) C_i^* 最大时对应方案的便是最优方案。

6.5　飞机生存力—作战能力多目标优化

战场想定为一架飞机(RCS 为 $2m^2$)与地空导弹系统(RCS 为 $20m^2$)遭遇,在机载雷达和地空导弹雷达作用范围内,机载对地攻击导弹和地空导弹的发射不受两者间距离 R 的限制。仅考虑以飞机和导弹之间的距离为决策变量,进行飞机生存力和作战能力的多目标优化,即选择最佳的武器投射距离。

6.5.1　优化算例一

1. 优化问题建模

当飞机与导弹之间的距离处于 0 ~ 150km 内时,建立多目标优化数学模型为

$$\begin{cases} \text{Max} & P_S = F_1(R) \\ \text{Max} & P_A = F_2(R) \\ \text{s. t.} & 0 < R \leqslant 150\text{km} \end{cases} \tag{6.17}$$

式中:P_S 和 P_A 参照式(6.1)和式(6.5)。此时的多目标优化模型只有一个决策变量,模型的求解结果意味着最佳武器投射距离的 Pareto 解集,而一旦确定了生存力和作战能力需求权重,即可以获得对应的唯一最优解。

2. 优化结果与分析

利用 Matlab 实现 NSGA – Ⅱ算法,设置交叉概率 0.9,变异概率 0.1,种群规模 400,遗传代数 500,得到飞机生存力—作战能力多目标优化的 Pareto 解集如图 6.9 所示。

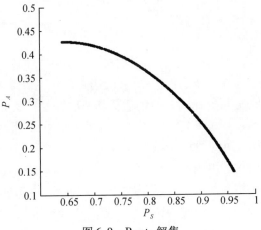

图 6.9　Pareto 解集

当 ω_1 和 ω_2 取不同值时,最佳武器投射距离计算结果如表 6.2 所列。由于数据来源于 Pareto 解集,每组 ω_1 和 ω_2 只代表作战指挥员对飞机生存力和作战能力的不同要求,因而每个 C_i^* 对应的 R 之间不存在优劣的分别。对应每组 ω_1 和 ω_2 求解出的 R 是指在该距离上投射机载攻击武器可获得该权重下最佳的生存力和作战能力综合需求。

表 6.2　最佳武器投射距离计算结果

(ω_1, ω_2)	C_i^*	P_A	P_S	R/km
(0.3,0.7)	0.783	0.386	0.766	103.987
(0.4,0.6)	0.722	0.358	0.804	112.018
(0.5,0.5)	0.686	0.308	0.855	122.736
(0.6,0.4)	0.702	0.240	0.909	134.728

由表 6.2 可见,在指挥员对生存力和作战能力要求一定的情况下,存在最佳的武器投射距离。在该距离之外投射武器,都将会以牺牲飞机的生存力或者作战能力为代价。指挥员的要求改变时,最佳武器投射距离也发生变化,即:随着生存力权重的增大,对生存力的需求增大,武器投射距离越来越远;为了获得更高的作战能力,则需在较近距离上发射武器。

6.5.2　优化算例二

本算例多目标优化问题,在算例一基础上增加了一个决策变量:装甲质量。把飞机总的载重量看做飞机载弹量与装甲质量之和,载弹量影响作战能力,而装甲质量影响生存力。由于装甲质量和飞机生存力之间没有直接相关的数学模型,需要在建模时做出一定的假设。

1. 优化问题建模

装甲对飞机生存力的作用主要体现在对飞机易损性的影响,但要详细分析飞机的易损性,除了考虑装甲的保护作用外,还必须对飞机致命性部件进行辨识和几何简化,并严格分析射弹(破片)的质量和速度特性以及射弹(破片)与飞机的交汇等情况,这是一项极其复杂的工作。为了突出重点,此处的战场想定把装甲质量和飞机易损性间的线性关系描述如下:假设某型飞机最大可载质量为2000kg,可以用来加载装甲或挂载武器,但飞机至少应挂载一枚 400kg 的对地攻击导弹,因此飞机装甲质量 m_p 取值范围为 0~1600kg。当飞机全副装甲时,易损性最低,设为 0.2;当飞机不加装甲,全部可载质量都用来挂载武器时,飞机易损性最高,设为 0.9,则有

$$P_{K/H} = -\frac{0.7}{1600}m_P + 0.9 \tag{6.18}$$

飞机的载弹量表征了飞机的作战能力,主要体现在对目标的打击能力。在优化算例一中单发导弹对目标的击中概率为 0.8,假设飞机的作战能力中对目标的击中概率和载弹量存在如下的指数关系,即

$$P'_L = 1 - (0.2)^{\frac{2000 - m_P}{400}} \tag{6.19}$$

其他参数设置同优化算例一,此时优化问题描述为

$$\begin{cases} \text{Max } P_S = F_1(R, m_P) \\ \text{Max } P_A = F_2(R, m_P) \\ \text{s. t. } 0 < R \leqslant 150\text{km}, 0 < m_P \leqslant 1600\text{kg} \end{cases} \tag{6.20}$$

2. 优化结果与分析

算法参数设置同算例一,得到 Pareto 解集如图 6.10 所示。确定最终的武器投射距离和装甲质量,可以分别根据作战指挥员对飞机生存力和作战能力的需求指定权重,采取 TOPSIS 方法,进行决策分析。

由图 6.10 可见,以武器投射距离和装甲质量为决策变量的飞机生存力—作战能力多目标优化问题,其 Pareto 前沿是由两条独立的曲线部分组成。可以看出,飞机生存力在 Pareto 解集内变化不大,而作战能力变化较大。为分析两个决策变量对飞机生存力和作战能力的影响,画出 Pareto 解集在可行空间内的分布,如图 6.11 和图 6.12 所示,其中横坐标 Pareto(i) 意为 Pareto 解集中的第 i 个解。

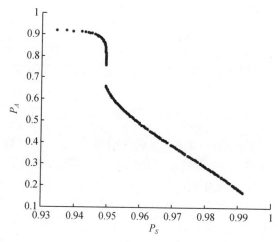

图 6.10 Pareto 解集

由图 6.11 可见,Pareto 解集中的距离分布在 30km 以内和 80km 以外,其原

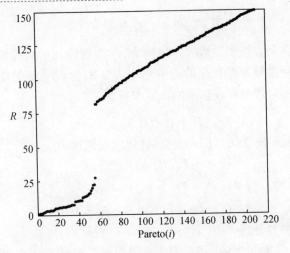

图 6.11　Pareto 解集中 R 的分布

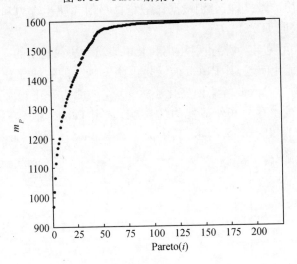

图 6.12　Pareto 解集中 m_P 的分布

因在于:在较远距离上(80km 之外),飞机受威胁程度低,故生存力较高;而在较近距离上(30km 之内),由于飞机与目标之间相互威胁,相较于中间距离段(30～80km 之间),飞机作战能力得到明显体现,飞机生存力反而较高。

在图 6.12 中,Pareto 解集中的装甲质量都在 960kg 以上,而假设载弹量影响飞机对目标的击中概率,根据式(6.19)可见载弹量的增加并不能显著提高击中概率,所以相较于基准值(400kg),最多只增加了不到 600kg 的载弹量。总体而言,装甲量的增加能够提高飞机生存力和作战能力,且距离越近,装甲量对飞机生存力和作战能力的影响越明显,如图 6.13 和图 6.14 所示。

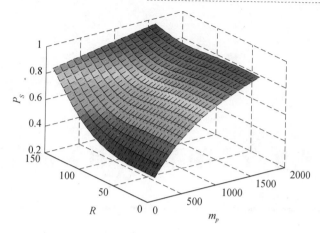

图 6.13　飞机生存力—距离—装甲质量间的关系

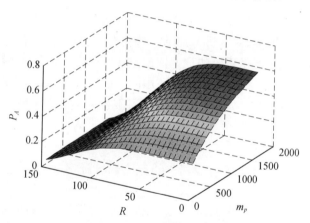

图 6.14　飞机作战能力—距离—装甲质量间的关系

第7章
飞机生存力的不确定性评估方法

飞机生存力作为飞机设计和使用中主要考虑的性能指标之一,对提高飞机综合作战效能作用明显,对其进行评估十分必要。合理的评估结果可为飞机生存力相关研究和应用提供重要的理论依据。就生存力评估而言,考虑到评估模型和评估指标的模糊性,尤其是作战使用的不确定性,应采用不确定性评估方法,来解决生存力评估中存在的模糊性和不确定性,使评估结果更能符合实际。

7.1 飞机生存力评估的模糊性和不确定性

相比于其他领域的评估决策问题,飞机生存力评估在评估指标值(属性值)、指标权重以及评估方法三个方面存在模糊性和不确定性的特点。

(1) 评估指标属性值。指标的具体属性值受很多因素的影响,如飞机的RCS值,对于不同的雷达照射方向,其值不同。另外,由于保密的原因,某些已知数据带有一定的不确定性和模糊性。

(2) 指标权重。由于飞机的生存力与战术使用、作战环境等因素有关,因此决策者在定权时往往很难给出准确的决策信息,同时权重的确定也容易受到决策者自身的经验、素质以及人类思维的模糊性等因素的影响,因此指标权重存在一定的模糊性,很难用确定值来描述。

(3) 对于评估问题,评估方法本身就具有概略性。

综上可知,生存力评估具有模糊性和不确定性,基于确定值的评估方法进行计算往往会导致评估结果的主观性和盲目性。因此,飞机在实际作战使用中进行生存力评估,应考虑评估过程中的模糊性和不确定性问题。

7.2 飞机生存力评估指标体系构建

建立科学、合理的生存力评估指标体系是进行生存力评估的前提和基础。要选取进行生存力分析、比较和评价的一系列指标及其属性值,才能科学地评估飞机的生存力。

飞机在作战时,在敌方武器威胁的环境下,应具有尽量不被敌方发现的能力(低的敏感性)、遭到敌方武器攻击后能减少致命损伤的能力(低的易损性)以及遭到损伤后能以应急手段和维修方法恢复到完成某种任务所需的功能或自救的能力(高的战伤抢修性)。在实际作战中,飞机的生存状态在很大程度上还取决于自身的作战能力,作战能力越强,生存力越大,因此评估飞机的生存力时,还需考虑飞机作战能力的影响。综上,飞机生存力评估指标体系构建应从敏感性、易损性、战伤抢修性和作战能力 4 个基本要素出发。

7.2.1 敏感性指标

从飞机角度而言,飞机的敏感性主要是与飞机自身的目标特征(雷达散射面积、红外辐射强度等)、电子对抗能力(各种有源、无源干扰设备等)以及机动性能等有关。

1) 雷达隐身能力

在现代战争中,雷达仍是探测飞机最可靠、最主要的探测手段。飞机的雷达信号是探测雷达能够发现飞机和雷达制导导弹跟踪并击中飞机的最根本依据,降低飞机的雷达散射面积可以有效降低飞机被敌方威胁发现、跟踪和击中的概率,从而有效降低飞机的敏感性。因此,飞机的雷达散射面积是衡量飞机敏感性的一个重要指标。

根据电磁波理论可知:就目标而言,假设入射电场强度为 E_0,目标将对入射波进行散射,在距目标 R 处的散射强度为 E_s,则目标的 RCS 值为

$$\sigma = \lim_{R \to \infty} 4\pi R^2 \left| \frac{E_s}{E_0} \right|^2 \tag{7.1}$$

2) 红外隐身能力

物体的红外辐射能力主要取决于物体的温度和光谱发射率,因此可以用飞机的温度来表征飞机的红外隐身能力。

在喷气式军用飞机上存在以下 4 种比较强的红外辐射源:发动机的尾喷口及其热部件;发动机的尾喷流;飞机蒙皮由于气动加热而引起的红外辐射;飞机受阳光照射后所产生的红外辐射。其中最主要的是发动机尾喷口的红外辐射。

由于发动机红外辐射的水平与涡轮前温度成正比,其他系统的红外辐射很难用一个量化指标来衡量。

3)电子对抗能力

在电子战背景下,飞机安装的电子对抗设备通过电子侦察可以获取敌方雷达、携带雷达的武器平台和雷达制导武器系统的技术参数及军事部署情报,并利用电子干扰、电子欺骗和反辐射攻击等软、硬杀伤手段,削弱、破坏敌方雷达的作战效能,从而降低飞机的敏感性。因此,飞机安装的电子对抗设备表征了飞机所具备的电子对抗能力。相关资料评定飞机的电子对抗能力 ε_e 见表 7.1。

表 7.1 电子对抗能力系数 ε_e

序号	机载电子对抗设备	ε_e
1	全向雷达告警系统	0.25
2	全向雷达告警系统+消极干扰投放系统	0.50
3	全向雷达告警系统+消极干扰投放系统+红外及电磁波积极干扰器	0.75
4	全向雷达告警系统+消极干扰投放系统+红外及电磁波积极干扰器+导弹逼近告警系统、自动交联	1.00

4)机动性能

战术规避技术可以降低飞机被敌方雷达探测、跟踪以及导弹杀伤的概率,从而降低飞机与威胁遭遇的敏感性。而很多战术规避技术,如高速进入和离开、闪避机动等都要以飞机良好的机动性能为基础,因此飞机的机动性能是飞机敏感性不容忽略的一个评估指标。

飞机的机动性能可以用最大允许过载(n_{ymax})、最大稳定盘旋过载($n_{y盘}$)和最大单位质量剩余功率(SEP)来表征,即

$$M = n_{ymax} + n_{y盘} + SEP \times 9/300 \tag{7.2}$$

7.2.2 易损性指标

飞机的易损性主要是与飞机致命性部件的曝露面积、等效靶厚度、余度设计、布置情况有关。另外,飞机的损伤容限和抗损伤设计也对飞机的易损性产生一定的影响。

1)致命性部件曝露面积

飞机致命性部件曝露面积越大,则它被威胁击中的可能性越大,飞机越容易被杀伤。因此,可用致命性部件曝露面积比例 P_{A_p} 作为衡量飞机易损性的一个指标,其定义为飞机所有致命性部件在飞机上、下、左、右、前、后 6 个打击方向上的曝露面积总和与飞机曝露面积之比,即

$$P_{A_P} = \frac{\sum\limits_{i=1}^{n} \sum\limits_{j=1}^{6} A_{P_{ij}}}{\sum\limits_{j=1}^{6} A_{P_j}} \tag{7.3}$$

式中：$A_{P_{ij}}$ 为第 i 个致命性部件在第 j 个打击方向上的曝露面积；A_{P_j} 为飞机在第 j 个打击方向上的总曝露面积；n 为致命性部件个数。

2）致命性部件等效靶厚度

致命性部件的等效靶厚度 h_d 越大，则被杀伤机理击中后被杀伤的可能性越小。致命性部件的等效靶厚度 h_d 主要与部件的材料、部件本身厚度以及其他部件对其的遮挡等因素有关。

3）致命性部件余度设计

由飞机杀伤概率计算可知，飞机进行余度设计可以有效降低飞机的易损性，使战斗中潜在的损失得到实质性的降低。用致命性部件余度概率 P_{yd} 来表征部件余度设计对飞机易损性的影响，即

$$P_{yd} = n_{yd}/n \tag{7.4}$$

式中：n_{yd} 为有余度的致命性部件的数量；n 为致命性部件个数。

4）致命性部件布置

致命性部件布置是指将致命性部件布置在适当位置，从而降低威胁机理对飞机产生致命性杀伤的概率，降低易损性。例如，余度设计目的是提高飞机的生存力，但如果部件布置不合理，如余度部件在威胁打击方向上发生重叠，重叠区域在遭受威胁打击后反而使飞机的易损性增大，因此对易损性而言，应将余度部件充分分离开，才能发挥余度措施的最佳效果。其他部件布置措施包括：①使用非致命性部件或较坚韧的部件遮挡致命性部件；②合理布置部件以给威胁机理提供最小的方位范围；③布置或隔离部件以消除或减少二次杀伤发生的概率；④对易受杀伤的致命性部件进行装甲防护等。

对于致命性部件布置情况对飞机易损性的影响，选用致命性部件防护/遮挡概率来进行衡量。在 6 个打击方向上，第 i 个致命性部件防护/遮挡概率 P_{fzi} 可表示为

$$P_{fzi} = k_i/6 \tag{7.5}$$

式中：k_i 为该致命性部件被防护/遮挡的方向的数量。致命性部件防护/遮挡概率 $\overline{P}_{fz}$ 是各个致命性部件防护/遮挡概率的平均值，可表示为

$$\overline{P}_{fz} = \sum_{i=1}^{n_0} P_{fzi}/n \tag{7.6}$$

式中：n_0 为受防护/遮挡的致命性部件个数；n 为飞机所有致命性部件个数。

5) 致命性部件损伤容限和抗损伤设计

采用损伤容限设计的飞机具有较低的易损性。损伤容限是飞机结构抵抗由于缺陷、裂纹或其他损伤而导致破坏的能力,这是一种安全性的考虑,以飞机使用期内具有足够的剩余强度来保证安全。采用致命性部件结构的平均安全系数 f 来衡量飞机的损伤容限,即

$$f = \sum_{i=1}^{n} P_{i0}/P_{\text{max}i0} = \sum_{i=1}^{n} n_{yi0}/n_{y\text{max}i0} \tag{7.7}$$

式中:P_{i0}、n_{yi0} 分别为第 i 个致命性部件的设计载荷和设计过载;$P_{\text{max}i0}$、$n_{y\text{max}i0}$ 分别为第 i 个致命性部件的最大使用载荷和最大使用过载;n 为飞机致命性部件的个数。

7.2.3 战伤抢修性指标

战伤抢修性定义为在作战条件下和规定的时间内,以应急手段和方法维修时,使飞机能够迅速恢复到完成某种任务所需的功能或自救的能力。战伤抢修要求在短时间内把战伤飞机恢复到可再次投入战斗的状态,甚至使战伤飞机能够再次执行一次作战任务,从而提高了飞机战斗出动架次,间接提高了飞机的生存力。

在战时,战伤抢修对飞机作战生存力具有重要作用,飞机自身的战伤抢修性越强,飞机在作战中的生存力越大。

仅从飞机自身的战伤抢修性角度考虑,用可达性和平均抢修时间作为战伤抢修性的衡量指标。

1) 可达性

可达性标志着飞机在检查、测试、拆装、调整、清洗、润滑和处理故障时所能触及到部附件的难易程度。可达性好的飞机,不仅可以大大降低维修工时,而且可以降低维修作业的复杂程度。衡量飞机可达性的具体指标是飞机的开敞率,即飞机表面可打开窗口盖和维护口盖面积总和占飞机表面积的百分比。开敞率越大,则飞机的可达性越好。开敞率 P_{kc} 可表示为

$$P_{kc} = \frac{A_{kc}}{A} \tag{7.8}$$

式中:A_{kc} 为飞机表面可打开窗口盖和维护口盖的总面积;A 为飞机表面积。

2) 平均抢修时间

平均抢修时间 $\overline{T}_r$ 可以衡量战伤抢修的水平,是指在战场上使损伤装备恢复基本功能所需实际时间的平均值,即

$$\overline{T}_r = \frac{\sum_{i=1}^{n_r} t_{ri}}{n_r} \tag{7.9}$$

式中：t_{ri}为第i次抢修所用的时间；n_r为抢修次数。

7.2.4　作战能力指标

飞机的作战能力可以分为两部分，即空对空作战能力和空对地作战能力。其中：空对空作战能力主要与飞机机动性、火力、探测目标能力、操纵效能、生存力、航程和电子对抗能力有关；空对地作战能力主要与飞机最大航程、突防系数、远程武器系数、导航能力系数、最大载弹量和对地攻击效率系数有关。由于具体的飞机作战能力计算并不是研究重点，因此选取飞机空对空作战能力ε_{kk}和空对地作战能力ε_{kd}作为衡量飞机作战能力的指标。

综上，得到飞机生存力的评估指标体系，如图7.1所示，包括一级指标层（目标层）、二级指标层（准则层）和三级指标层（指标层）3层。为获取指标层对目标层的权重，需要由顶向下逐层计算合成权重。

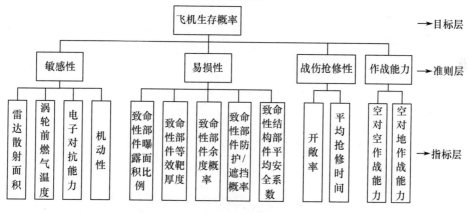

图7.1　飞机生存力的评估指标体系

7.3　基于区间数排序法的飞机生存力评估

由于飞机生存力评估的复杂性、不确定性以及人类思维的模糊性，给出的决策信息有时不能以确定数值来表达，而是以不确定数的形式给出（如区间数），并且区间数形式的决策信息具有容易理解、直观、计算方便等特点。因此，可采用区间数排序法对飞机生存力的不确定性评估进行分析。

7.3.1　区间数的概念及运算

1. 区间数的概念

令$\tilde{a}=[a^L,a^U]=\{x\mid a^L\leqslant x\leqslant a^U,a^L,a^U\in R\}$表示实数轴上的一个闭区间，

则称 $\tilde{a}$ 为一个区间数。如果 $\tilde{a}=\{x\,|\,0\leqslant a^L\leqslant x\leqslant a^U\}$，则称 $\tilde{a}$ 为正区间数；如果 $a^L=a^U$，则 $\tilde{a}$ 退化为一个实数。区间数可以看作是实数的扩展，$\tilde{a}=\{x\,|\,0\leqslant a^L\leqslant x\leqslant a^U\}$ 表示 x 可以取区间 $[a^L,a^U]$ 上任何一点，但至于具体是哪一点并没有办法确定。

2. 区间数的运算

同实数的运算类似，区间数也有自己的运算法则。设 $\tilde{a}=[a^L,a^U]$，$\tilde{b}=[b^L,b^U]$，$k\geqslant 0$，则区间数的运算法则如下：

（1）加法

$$\tilde{a}+\tilde{b}=[a^L+b^L,a^U+b^U]$$

（2）减法

$$\tilde{a}-\tilde{b}=[a^L-b^U,a^U-b^L]$$

（3）数乘

$$k\tilde{a}=[ka^L,ka^U]$$

（4）乘法

$$\tilde{a}\cdot\tilde{b}=[\min\{a^Lb^L,a^Lb^U,a^Ub^L,a^Ub^U\},\max\{a^Lb^L,a^Lb^U,a^Ub^L,a^Ub^U\}]$$

（5）除法

$$\frac{\tilde{a}}{\tilde{b}}=[a^L,a^U]\cdot\left[\frac{1}{b^U},\frac{1}{b^L}\right]。$$

7.3.2 评估指标的规范化和聚合

1. 评估指标规范化

在评估问题中，评估指标体系都以属性值大小来影响体系的综合评估值，而指标的类型分为效益型、成本型、固定型、区间型、偏离型和偏离区间型等 6 类，不同指标类型对评估结果影响的方向不同。对于飞机生存力问题，ε_e、M、h_d、P_{yd}、$\overline{P}_{fz}$、f、P_{kc}、ε_{hk}、ε_{hd} 为效益型指标，其值越大生存力越大；而 σ、T_4、P_{Ap}、$\overline{T}_r$ 为成本型指标，其值越小生存力越大。另外，各指标的量纲也存在不同，其数值也因此相差很大，如涡轮前燃气温度一般为 $1\sim4$ 位，而致命性部件防护/遮挡概率只是零点几的数量级，以这样的数值参与评估，即使影响的方向相同，致命性部件防护/遮挡概率的影响也可忽略不计，造成评估结果的不合理。因此，在进行飞机生存力评估前，应对评估指标进行规范化处理，即一致化和无量纲化。

假设对 n 型飞机 $x_1,x_2,\cdots,x_n$ 的生存力进行评估，每型飞机用 m 个指标 s_1，$s_2,\cdots,s_m$ 评价。对于飞机 x_i，按生存力评估指标 s_j 进行测度，得到 x_i 关于 s_j 的属性值为 u_{ij}，从而构成生存力评估的决策矩阵 $U=(u_{ij})_{n\times m}$。设 $I_k(k=1,2)$ 分别表示效益型、成本型的下标集，为消除不同指标类型对评估结果的影响，可用式

(7.10)、式(7.11)将确定数决策矩阵 $\boldsymbol{U}$ 转化为规范化决策矩阵 $\boldsymbol{R}=(r_{ij})_{n\times m}$，即

$$r_{ij}=u_{ij}\Big/\sqrt{\sum_{i=1}^{n}(u_{ij})^2}\quad i=1,2,\cdots,n;j\in I_1 \tag{7.10}$$

$$r_{ij}=(1/u_{ij})\Big/\sqrt{\sum_{i=1}^{n}(1/u_{ij})^2}\quad i=1,2,\cdots,n;j\in I_2 \tag{7.11}$$

2. 评估指标聚合

采用权重系数法对飞机生存力进行评估，其函数形式可描述为

$$e_i=\omega_1 e_{i1}+\omega_2 e_{i2}+\cdots+\omega_m e_{im} \tag{7.12}$$

式中：e_i 为第 i 层指标的目标评估指标；e_{ik}、$\omega_k(k=1,2,\cdots m)$ 分别为第 i 层指标属性值和指标权重。

7.3.3 评估指标权重的确定

权重的确定方法大体可分为主观赋权法和客观赋权法两类。为了克服主观赋权法随意性大和客观赋权法忽视决策者的主观知识与经验等缺点，采用区间层次分析法（Interval-based Analytic Hierarchy Process，IAHP）的主观赋权法和信息熵客观赋权法相结合的方法来确定生存力各评估指标的权重。

1. 区间层次分析法

层次分析法（Analytic Hierarchy Process，AHP）是一种实用的多准则决策方法，该方法能充分体现人的经验判断作用，具有系统、灵活、简洁、实用的优点，在诸多领域内得到了广泛的重视和应用。

AHP 的思想是首先通过建立清晰的层次结构来分解复杂问题，然后引入测度理论，通过两两比较，用相对标度将人的判断标量化，逐层建立判断矩阵，而后求解矩阵权重，最后计算方案的综合权重并排序。在两两比较中，将专家的定性描述转换为规范化数值的过程称为标量化，其依据是各种标度体系，常用的是表 7.2 所列的互反性 1~9 标度表。

表 7.2 互反性 1~9 标度表

标度(u_i/u_j)	含义
1	表示两个属性性相比，具有同样重要性
3	表示两个属性性相比，属性 i 比属性 j 略为重要
5	表示两个属性性相比，属性 i 比属性 j 明显重要
7	表示两个属性性相比，属性 i 比属性 j 强烈重要
9	表示两个属性性相比，属性 i 比属性 j 极端重要
2、4、6、8	表示重要性程度为上述相邻判断的中间值

为了避免在两两比较时出现"甲比乙重要,乙比丙重要,而丙比甲重要"的矛盾,要对判断矩阵进行一致性检验。下面介绍 IAHP 法确定飞机生存力评估指标权重的方法。

为了克服客观事物的不确定性,发展出了区间层次分析法。IAHP 的步骤与 AHP 类似,不同之处在于用区间数代替点值来构造判断矩阵,求解时则通过区间运算得到权重向量,原始数据和计算结果都用区间数的形式表达。

设 $\widetilde{\boldsymbol{A}} = (\widetilde{a}_{ij})_{m \times m}$ 为区间数矩阵,即 $\widetilde{a}_{ij} = [a_{ij}^L, a_{ij}^U]$。记 $\boldsymbol{A}^L = (a_{ij}^L)_{m \times m}$,$\boldsymbol{A}^U = (a_{ij}^U)_{m \times m}$,并记 $\widetilde{\boldsymbol{A}} = [\boldsymbol{A}^L, \boldsymbol{A}^U]$。同样对区间数向量 $\widetilde{\boldsymbol{x}} = (\widetilde{x}_1, \widetilde{x}_2, \cdots, \widetilde{x}_m)^T$,即 $\widetilde{x}_i = [x_i^L, x_i^U]$,记 $\boldsymbol{x}^L = (x_1^L, x_2^L, \cdots, x_m^L)^T$,$\boldsymbol{x}^U = (x_1^U, x_2^U, \cdots, x_m^U)^T$,并记 $\widetilde{\boldsymbol{x}} = [\boldsymbol{x}^L, \boldsymbol{x}^U]$。

对于给定的区间数判断矩阵 $\widetilde{\boldsymbol{A}} = [\boldsymbol{A}^L, \boldsymbol{A}^U]$,IAHP 法确定权重的计算步骤如下。

步骤 1:利用特征向量法分别求 $\boldsymbol{A}^L$、$\boldsymbol{A}^U$ 的最大特征值所对应的具有正分量的归一化特征向量 $\boldsymbol{x}^L$、$\boldsymbol{x}^U$,以 $\boldsymbol{x}^L$ 为例说明计算方法如下。

(1) 将判断矩阵 $\boldsymbol{A}^L$ 的每一列向量归一化得到 $\omega_{ij}^L = a_{ij}^L / \sum\limits_{i=1}^{m} a_{ij}^L$;

(2) 对 ω_{ij}^L 按行求和得 $\omega_i^L = \sum\limits_{j=1}^{m} \omega_{ij}^L$;

(3) 将 ω_i^L 归一化得 $x_i^L = \omega_i^L \Big/ \sum\limits_{i=1}^{m} \omega_i^L$;

(4) $\boldsymbol{x}^L = (x_1^L, x_2^L, \cdots, x_m^L)^T$ 即为所求 $\boldsymbol{A}^L$ 的权重向量。

步骤 2:由 $\boldsymbol{A}^L = (a_{ij}^L)_{m \times m}$,$\boldsymbol{A}^U = (a_{ij}^U)_{m \times m}$,按式(7.13)计算 α 和 β,即

$$\alpha = \left[\sum_{j=1}^{m} \frac{1}{\sum\limits_{i=1}^{m} a_{ij}^U} \right]^{1/2} \qquad \beta = \left[\sum_{j=1}^{m} \frac{1}{\sum\limits_{i=1}^{m} a_{ij}^L} \right]^{1/2} \tag{7.13}$$

步骤 3:权重向量 $\widetilde{\boldsymbol{\omega}}_Z = [\alpha \boldsymbol{x}^L, \beta \boldsymbol{x}^U]$。

2. 信息熵

在信息论中,信息熵是系统无序程度的度量。某个评估指标的信息熵越小,表明指标值的变异程度越大,提供的信息量越大,在综合评价中所起的作用也越大,即指标的权重也越大。因此,可以根据各个指标的变异程度,利用信息熵这一工具,计算各指标的权重。

信息熵法确定权重的步骤如下。

步骤 1:根据生存力评估决策矩阵 $\boldsymbol{U} = (u_{ij})_{n \times m}$,按式(7.10)、式(7.11)将其转化为规范化决策矩阵 $\boldsymbol{R} = (r_{ij})_{n \times m}$。

步骤 2:计算矩阵 $\boldsymbol{R} = (r_{ij})_{n \times m}$,得到列归一化矩阵 $\boldsymbol{D} = (d_{ij})_{n \times m}$,即

$$d_{ij} = \frac{r_{ij}}{\sum\limits_{i=1}^{n} r_{ij}} \quad i \in n, j \in m \tag{7.14}$$

步骤 3：计算属性 u_j 输出的信息熵，即

$$E_j = -\frac{1}{\ln n} \sum_{i=1}^{n} d_{ij} \ln d_{ij} \quad j \in m \tag{7.15}$$

当 $d_{ij} = 0$ 时，规定 $d_{ij} \ln d_{ij} = 0$。

步骤 4：计算属性权重向量 $\boldsymbol{\omega}_S = (\omega_1, \omega_2, \cdots, \omega_m)$，其中有

$$\omega_j = \frac{1 - E_j}{\sum\limits_{k=1}^{m} (1 - E_k)} \quad j \in m \tag{7.16}$$

3. 主观权重与客观权重的结合

关于主观权重与客观权重相结合的方式，采用目前应用较为广泛的一种组合赋权法，即

$$\widetilde{\omega} = \lambda \widetilde{\omega}_{CZ} + (1 - \lambda) \omega_S \tag{7.17}$$

式中：$\widetilde{\omega}$ 为组合后的权重；$\widetilde{\omega}_{CZ}$ 和 ω_S 分别为区间层次分析法和信息熵法确定的权重；λ 为权衡系数，且 $0 \leqslant \lambda \leqslant 1$。$\lambda$ 反映了决策者对主、客观权重的偏好程度，λ 越大，表示主观权重对综合权重的影响越大。

按上述方法分别计算得到准则层第 j 个指标相对于目标层的权重 $\widetilde{\omega}_{ZZj}$ 和指标层相对于准则层第 j 个指标的权重 $\widetilde{\omega}_{ZBji}$，然后根据式(7.18)得到指标层元素 i 相对于目标层的权重 $\widetilde{\omega}_i$ 为

$$\widetilde{\omega}_i = \sum_{j=1}^{k} \widetilde{\omega}_{ZZj} \cdot \widetilde{\omega}_{ZBji} \tag{7.18}$$

式中：k 为准则层的指标个数。

7.3.4　区间数的排序方法

设 $\widetilde{a} = [a^L, a^U]$ 和 $\widetilde{b} = [b^L, b^U]$ 为区间数，当 $\widetilde{a}$ 和 $\widetilde{b}$ 均退化为实数时，则 $\widetilde{a} > \widetilde{b}$ 的可能度可以表示为

$$p(\widetilde{a} > \widetilde{b}) = \begin{cases} 1 & \widetilde{a} > \widetilde{b} \\ \dfrac{1}{2} & \widetilde{a} = \widetilde{b} \\ 0 & \widetilde{a} < \widetilde{b} \end{cases} \tag{7.19}$$

当 $\tilde{a}$ 和 $\tilde{b}$ 同时为区间数或者有一个为区间数时,记 $l_{\tilde{a}}=a^U-a^L$,$l_{\tilde{b}}=b^U-b^L$,则称

$$p(\tilde{a}\geqslant\tilde{b})=\frac{\min\{l_{\tilde{a}}+l_{\tilde{b}},\max(a^U-b^L,0)\}}{l_{\tilde{a}}+l_{\tilde{b}}} \tag{7.20}$$

为 $\tilde{a}\geqslant\tilde{b}$ 的可能度。

区间数比较的可能度具有下列性质:

(1) $0\leqslant p(\tilde{a}\geqslant\tilde{b})\leqslant1$;

(2) $p(\tilde{a}\geqslant\tilde{b})=1$ 当且仅当 $b^U\leqslant a^L$;

(3) $p(\tilde{a}\geqslant\tilde{b})=0$ 当且仅当 $a^U\leqslant b^L$;

(4) (互补性)$p(\tilde{a}\geqslant\tilde{b})+p(\tilde{b}\geqslant\tilde{a})=1$,特别是 $p(\tilde{a}\geqslant\tilde{a})=1/2$。

对于给定的一组区间数 $\tilde{a}_i=[a_i^L,a_i^U]$,$i\in n$,可以利用上面介绍的区间数比较的可能度对它们进行两两比较。首先利用可能度公式(4.16)求得相应的可能度 $p(\tilde{a}_i\geqslant\tilde{a}_j)$,简记为 p_{ij},$i,j\in n$,并建立可能度矩阵 $\boldsymbol{P}=(p_{ij})_{n\times n}$。该矩阵包含了所有方案相互比较的全部可能度信息,因此对区间数进行排序的问题,就转化为求解可能度矩阵的排序向量问题。由区间数排序的可能度所具有的性质可知,矩阵 $\boldsymbol{P}$ 是一个模糊互补判断矩阵。基于模糊互补判断矩阵的排序理论给出的一个简洁的排序公式进行求解,即

$$v_i=\frac{1}{n(n-1)}\left(\sum_{j=1}^n p_{ij}+\frac{n}{2}-1\right) \quad i\in n \tag{7.21}$$

由此得到可能度矩阵 $\boldsymbol{P}$ 的排序向量 $\boldsymbol{v}=(v_1,v_2,\cdots,v_n)$,并利用 $v_i(i\in n)$ 对区间数 $\tilde{a}_i(i\in n)$ 进行排序。

7.3.5　基于区间数排序法的飞机生存力评估模型

基于区间数的排序方法,得出飞机生存力的评估算法,具体步骤如下。

步骤1:构造飞机生存力的决策矩阵 $\boldsymbol{U}=(u_{ij})_{n\times m}$,其中 u_{ij} 表示飞机 x_i 关于指标 s_j 的属性值,然后将 $\boldsymbol{U}=(u_{ij})_{n\times m}$ 转化为规范化决策矩阵 $\boldsymbol{R}=(r_{ij})_{n\times m}$。

步骤2:计算评估指标的区间数权重 $\tilde{\boldsymbol{\omega}}$。

步骤3:计算各型飞机的生存力评估区间值,即

$$\tilde{G}_i=\sum_{j=1}^m \tilde{\omega}_j r_{ij}=\left[\sum_{j=1}^m \tilde{\omega}_j^L r_{ij},\sum_{j=1}^m \tilde{\omega}_j^U r_{ij}\right] \quad i=1,2,\cdots,n \tag{7.22}$$

步骤4:计算可能度 $p=(\tilde{G}_i>\tilde{G}_j)$,求出 $\boldsymbol{P}=(p_{ij})_{n\times n}$。

步骤5:计算 v_i,v_i 值越大,则飞机 x_i 的生存力越大,从而得到 n 型待评估飞

机的生存力优劣排序。

7.3.6　实例分析

根据提出的飞机生存力评估方法,对表 7.3 所列的 5 种机型飞机的生存力进行评估。

表 7.3　飞机生存力指标值

机型	σ/m^2	T_4/K	ε_e	M	P_{Ap}	h_d/m	P_{yd}	$\overline{P}_{fz}$	f	P_{kc}	$\overline{T}_r/\mathrm{h}$	ε_{kk}	ε_{kd}
1	11.3	1672	0.75	25.5	0.4	0.29	0.23	0.35	1.4	0.55	1.5	0.658	0.685
2	4.9	1672	0.5	24.5	0.43	0.31	0.21	0.37	1.8	0.6	1.2	0.485	0.489
3	5	1723	1	27.2	0.4	0.27	0.2	0.31	1.6	0.56	1.4	0.704	0.715
4	5.8	1528	0.75	25.65	0.37	0.29	0.2	0.31	2	0.52	2	0.371	0.461
5	9.1	1650	0.75	26.3	0.45	0.3	0.21	0.29	1.5	0.52	2	0.36	0.326

根据式(7.10)、式(7.11)对表 7.3 中各个生存力指标值进行规范化处理,得到规范化决策矩阵 R 如表 7.4 所列。

表 7.4　规范化决策矩阵

机型	σ/m^2	T_4/K	ε_e	M	P_{Ap}	h_d/m	P_{yd}	$\overline{P}_{fz}$	f	P_{kc}	$\overline{T}_r/\mathrm{h}$	ε_{kk}	ε_{kd}
1	0.2442	0.4400	0.4376	0.4412	0.4553	0.4437	0.4891	0.4782	0.37403	0.4466	0.4548	0.5501	0.5523
2	0.5633	0.4400	0.2917	0.4239	0.4235	0.4743	0.4466	0.5055	0.4809	0.4872	0.5685	0.4054	0.3943
3	0.5520	0.4270	0.5835	0.4707	0.4553	0.4131	0.4253	0.4236	0.42747	0.4547	0.4872	0.5885	0.5765
4	0.4759	0.4814	0.4376	0.4438	0.4922	0.4437	0.4253	0.4236	0.53433	0.4222	0.3411	0.3101	0.3717
5	0.3033	0.4458	0.4376	0.4551	0.4047	0.4590	0.4466	0.3962	0.40075	0.4222	0.3411	0.3009	0.2628

通过专家意见汇总,得到如表 7.5、表 7.6、表 7.7 所列的飞机生存力、敏感性、易损性的评估指标的区间数判断矩阵,由于战伤抢修性和作战能力下的指标只有 2 个,因此直接给出 P_{kc} 和 $\overline{T}_r$ 对战伤抢修性的权重分别为[1/2,1]和[1,2], ε_{kk} 和 ε_{kd} 对作战能力的权重分别为[1,1]和[1,1]。

表 7.5　飞机生存力区间数判断矩阵

飞机生存力	敏感性	易损性	战伤抢修性	作战能力
敏感性	[1,1]	[2,3]	[3,4]	[4,5]
易损性	[1/3,1/2]	[1,1]	[2,3]	[3,4]
战伤抢修性	[1/4,1/3]	[1/3,1/2]	[1,1]	[1,2]
作战能力	[1/5,1/4]	[1/4,1/3]	[1/2,1]	[1,1]

表 7.6 敏感性区间数判断矩阵

敏感性	σ	T_4	ε_e	M
σ	$[1,1]$	$[3,4]$	$[1,2]$	$[3,4]$
T_4	$[1/4,1/3]$	$[1,1]$	$[1/4,1/3]$	$[1/2,1]$
ε_e	$[1/2,1]$	$[3,4]$	$[1,1]$	$[3,4]$
M	$[1/4,1/3]$	$[1,2]$	$[1/4,1/3]$	$[1,1]$

表 7.7 易损性区间数判断矩阵

易损性	P_{A_p}	h_d	P_{yd}	$\overline{P}_{fz}$	f
P_{A_p}	$[1,1]$	$[1,1]$	$[2,3]$	$[2,3]$	$[3,4]$
h_d	$[1,1]$	$[1,1]$	$[2,3]$	$[2,3]$	$[3,4]$
P_{yd}	$[1/3,1/2]$	$[1/3,1/2]$	$[1,1]$	$[1,1]$	$[2,3]$
$\overline{P}_{fz}$	$[1/3,1/2]$	$[1/3,1/2]$	$[1,1]$	$[1,1]$	$[2,3]$
f	$[1/4,1/3]$	$[1/4,1/3]$	$[1/3,1/2]$	$[1/3,1/2]$	$[1,1]$

经过一致性检验,各个判断矩阵均具有可接受的一致性,从而证明权重分配是合理的,否则矩阵需要进一步调整。首先对表 7.5 按照区间层次分析法的计算步骤可求得 $\boldsymbol{x}^L = [0.5062, 0.2768, 0.1245, 0.0925]^T$, $\boldsymbol{x}^U = [0.4905, 0.2784, 0.1353, 0.0959]^T$, $\alpha = 0.9388$, $\beta = 1.0511$, 于是得到区间数权重向量 $\widetilde{\boldsymbol{\omega}}_{ZZ} = (\widetilde{\boldsymbol{\omega}}_1, \widetilde{\boldsymbol{\omega}}_2, \widetilde{\boldsymbol{\omega}}_3, \widetilde{\boldsymbol{\omega}}_4) = ([0.4752, 0.5156], [0.2599, 0.2926], [0.1169, 0.1422], [0.0868, 0.1008])^T$。同理对表 7.6、表 7.7 及战伤抢修性和作战能力的指标进行计算,得到敏感性、易损性、战伤抢修性和作战能力的区间数权重向量 $\widetilde{\boldsymbol{\omega}}_{ZB1}$、$\widetilde{\boldsymbol{\omega}}_{ZB2}$、$\widetilde{\boldsymbol{\omega}}_{ZB3}$、$\widetilde{\boldsymbol{\omega}}_{ZB4}$ 分别为 $\widetilde{\boldsymbol{\omega}}_{ZB1} = (\widetilde{\boldsymbol{\omega}}_{11}, \widetilde{\boldsymbol{\omega}}_{12}, \widetilde{\boldsymbol{\omega}}_{13}, \widetilde{\boldsymbol{\omega}}_{14}) = ([0.3835, 0.4531], [0.0954, 0.1095], [0.3263, 0.3797], [0.1106, 0.1339])^T$、$\widetilde{\boldsymbol{\omega}}_{ZB2} = (\widetilde{\boldsymbol{\omega}}_{21}, \widetilde{\boldsymbol{\omega}}_{22}, \widetilde{\boldsymbol{\omega}}_{23}, \widetilde{\boldsymbol{\omega}}_{24}) = ([0.3020, 0.3287], [0.3020, 0.3287], [0.1379, 0.1537], [0.1379, 0.1537], [0.0698, 0.0804])^T$、$\widetilde{\boldsymbol{\omega}}_{ZB3} = (\widetilde{\boldsymbol{\omega}}_{31}, \widetilde{\boldsymbol{\omega}}_{32}) = ([0.3804, 0.4501], [0.5325, 0.6300])^T$、$\widetilde{\boldsymbol{\omega}}_{ZB4} = (\widetilde{\boldsymbol{\omega}}_{41}, \widetilde{\boldsymbol{\omega}}_{42}) = ([0.5000, 0.5000], [0.5000, 0.5000])^T$。

综上,由式(7.18)可得区间层次分析法确定的指标层所有指标相对于目标层飞机生存力的区间型指标权重 $\widetilde{\boldsymbol{\omega}}_{CZ}$,如表 7.8 所列。

表 7.8　指标层所有指标相对于目标层飞机生存力的区间型指标权重

σ/m^2	T_4/K	ε_e	M	P_{A_p}
$[0.1822,0.2336]$	$[0.0453,0.0565]$	$[0.1551,0.1958]$	$[0.0526,0.0690]$	$[0.0785,0.0962]$
h_d/m	P_{yd}	$\overline{P}_{fz}$	f	P_{kc}
$[0.0785,0.0962]$	$[0.0358,0.0450]$	$[0.0358,0.0450]$	$[0.0181,0.0235]$	$[0.0445,0.0640]$
$\overline{T}_r/\mathrm{h}$	ε_{kk}	ε_{kd}		
$[0.0622,0.0896]$	$[0.0434,0.0504]$	$[0.0434,0.0504]$		

对表 7.4 按照信息熵法的计算步骤可求得 $E_1=0.9694$，$E_2=0.9995$，$E_3=0.9859$，$E_4=0.9996$，$E_5=0.9986$，$E_6=0.9994$，$E_7=0.9992$，$E_8=0.9975$，$E_9=0.9948$，$E_{10}=0.9991$，$E_{11}=0.9875$，$E_{12}=0.9762$，$E_{13}=0.9764$，进一步求得各指标的信息熵权 $\boldsymbol{\omega}_S=(0.2621,0.0044,0.1204,0.0032,0.0120,0.0055,0.0071,0.0214,0.0442,0.0077,0.1066,0.2034,0.2018)^{\mathrm{T}}$。结合表 7.8 区间层次分析法确定的各指标权重 $\widetilde{\omega}_{cz}$，利用式(7.17)对主观权重与客观权重进行结合，根据所获取数据的完整性和可信度以及对专家的信任程度，取 $\lambda=0.6$，计算得到相对于飞机生存力各指标的区间数权重分别为：$\widetilde{\omega}=([0.2142,0.2450]$，$[0.0290,0.0357]$，$[0.1412,0.1657]$，$[0.0328,0.0427]$，$[0.0519,0.0625]$，$[0.0493,0.0599]$，$[0.0243,0.0299]$，$[0.0301,0.0356]$，$[0.0285,0.0318]$，$[0.0298,0.0415]$，$[0.0800,0.0964]$，$[0.1074,0.1116]$，$[0.1068,0.1110])^{\mathrm{T}}$。

按照步骤 3 可得各型飞机的生存力评估区间值 $\widetilde{G}_i=\{[0.3915,0.4504]$，$[0.4192,0.4856]$，$[0.4850,0.5573]$，$[0.3908,0.4535]$，$[0.3327,0.3882]\}$。利用区间数比较的可能度公式(7.20)可得

$$\boldsymbol{P}=\begin{bmatrix} 0.5000 & 0.2490 & 0 & 0.4901 & 1.0000 \\ 0.7510 & 0.5000 & 0.0043 & 0.7343 & 1.0000 \\ 1.0000 & 0.9957 & 0.5000 & 1.0000 & 1.0000 \\ 0.5099 & 0.2657 & 0 & 0.5000 & 1.0000 \\ 0 & 0 & 0 & 0 & 0.5000 \end{bmatrix}$$

进一步求得 $\boldsymbol{v}=\{0.1870,0.2245,0.2998,0.1888,0.1000\}$，由 v_i 的大小可以得出各型飞机的生存力优劣排序(由大到小)结果为 3、2、4、1、5，根据专家定性分析，这个结果符合飞机生存力的实际情况。

7.4　基于改进区间数 TOPSIS 法的飞机生存力评估

区间数 TOPSIS 法是解决区间型多属性决策问题的一种常用方法，并在该领域得到了广泛应用。针对飞机生存力评估问题的特点以及传统 TOPSIS 方法所存在的不足，采用改进的区间数 TOPSIS 评价方法对飞机生存力进行评估。

7.4.1　基于改进区间数 TOPSIS 法的飞机生存力评估模型

TOPSIS 方法在解决多属性决策问题中得到了广泛的应用，但在处理某些特殊情况的排序中，也存在着得不到合理排序结果的问题。例如，当两个样本点在正理想解与负理想解连线的中垂线上时，它们与正、负理想解的相对贴近度都是 0.5，因此不能区分出方案的优劣。为了避免上述情况的发生，采用改进的区间数 TOPSIS 评价方法对飞机生存力进行评估，具体步骤如下。

步骤 1：构造飞机生存力决策矩阵 $\boldsymbol{U}=(u_{ij})_{n\times m}$，然后将 $\boldsymbol{U}=(u_{ij})_{n\times m}$ 转化为规范化决策矩阵 $\boldsymbol{R}=(r_{ij})_{n\times m}$。

步骤 2：计算评估指标的区间数权重 $\widetilde{\boldsymbol{\omega}}$。

步骤 3：构造加权规范化区间数决策矩阵 $\widetilde{\boldsymbol{Y}}=(\widetilde{y}_{ij})_{n\times m}$，其中决策矩阵 $\widetilde{\boldsymbol{Y}}$ 中的元素 $\widetilde{y}_{ij}$ 为

$$\widetilde{y}_{ij}=r_{ij}\widetilde{\omega}_j \quad i=1,2,\cdots,n;j=1,2,\cdots,m \tag{7.23}$$

步骤 4：确定区间型正理想解 $\widetilde{y}^+=(\widetilde{y}_1^+,\widetilde{y}_2^+,\cdots,\widetilde{y}_m^+)$ 和负理想解 $\widetilde{y}^-=(\widetilde{y}_1^-,\widetilde{y}_2^-,\cdots,\widetilde{y}_m^-)$。正理想解为所有生存力指标值最大的解，负理想解为所有生存力指标值最小的解，即

$$\widetilde{y}_j^+=[y_j^{+L},y_j^{+U}]=[\max_{1\leqslant i\leqslant n}(y_{ij}^L),\max_{1\leqslant i\leqslant n}(y_{ij}^U)] \quad j=1,2,\cdots,m \tag{7.24}$$

$$\widetilde{y}_j^-=[y_j^{-L},y_j^{-U}]=[\min_{1\leqslant i\leqslant n}(y_{ij}^L),\min_{1\leqslant i\leqslant n}(y_{ij}^U)] \quad j=1,2,\cdots,m \tag{7.25}$$

步骤 5：取 $\widetilde{y}^+\widetilde{y}^-$ 延长线上的辅助解 $\widetilde{y}^*$，使得 $|\widetilde{y}^+-\widetilde{y}^-|=|\widetilde{y}^*-\widetilde{y}^-|$，并记 $\widetilde{y}^*=(\widetilde{y}_1^*,\widetilde{y}_2^*,\cdots,\widetilde{y}_m^*)$，其中 $\widetilde{y}_j^*=2\widetilde{y}_j^--\widetilde{y}_j^+$，则有

$$\widetilde{y}_j^*=[y_j^{*L},y_j^{*U}]=[2y_j^{-L}-y_j^{+U},2y_j^{-U}-y_j^{+L}] \quad j=1,2,\cdots,m \tag{7.26}$$

步骤 6：按照式(7.27)和式(7.28)计算每型飞机分别到正理想解和辅助解的距离 d_i^+ 和 d_i^*，即

$$d_i^+ = \sum_{j=1}^m \| \widetilde{y}_{ij} - \widetilde{y}_j^+ \| = \sum_{j=1}^m [| y_{ij}^L - y_j^{+L} | + | y_{ij}^U - y_j^{+U} |] \quad i = 1, 2, \cdots, n$$

$$(7.27)$$

$$d_i^* = \sum_{j=1}^m \| \widetilde{y}_{ij} - \widetilde{y}_j^* \| = \sum_{j=1}^m [| y_{ij}^L - y_j^{+L} | + | y_{ij}^U - y_j^{+U} |] \quad i = 1, 2, \cdots, n$$

$$(7.28)$$

显然,d_i^+ 越小或 d_i^* 越大,则表明飞机 x_i 的生存力越大。

步骤 7:按照式(7.29)计算每型飞机对理想解的贴近度 c_i,即。

$$c_i = \frac{d_i^*}{d_i^+ + d_i^*} \quad i = 1, 2, \cdots, n \tag{7.29}$$

按 $c_i(i=1,2,\cdots,n)$ 值的大小对飞机生存力进行排序。c_i 值越大,则飞机 x_i 的生存力越大,从而得到 n 型待评估飞机的生存力优劣排序。

7.4.2　实例分析

根据所提出的飞机生存力评估方法,对表 7.3 所列的 5 种机型飞机的生存力进行评估。

根据表 7.3 所列的 5 种机型飞机的属性值以及 7.3.6 节确定的指标层所有指标相对于目标层飞机生存力的区间型指标权重 $\widetilde{\boldsymbol{\omega}}$,利用式(7.23)可得飞机生存力加权规范化区间数决策矩阵 $\widetilde{\boldsymbol{Y}} = (\widetilde{y}_{ij})_{n \times m}$,如表 7.9 所列。

根据式(7.24)可得区间型正理想解为 $\widetilde{\boldsymbol{y}}^+ = ([0.1206, 0.1380], [0.0139, 0.0172], [0.0824, 0.0967], [0.0155, 0.0201], [0.0256, 0.0308], [0.0234, 0.0284], [0.0119, 0.0146], [0.0152, 0.0180], [0.0152, 0.0170], [0.0145, 0.0202], [0.0455, 0.0548], [0.0632, 0.0657], [0.0616, 0.0640])$;根据式(7.25)可得区间型负理想解为 $\widetilde{\boldsymbol{y}}^- = ([0.0523, 0.0598], [0.0124, 0.0152], [0.0412, 0.0483], [0.0139, 0.0181], [0.0210, 0.0253], [0.0204, 0.0248], [0.0103, 0.0127], [0.0119, 0.0141], [0.0107, 0.0119], [0.0126, 0.0175], [0.0273, 0.0329], [0.0323, 0.0336], [0.0281, 0.0292])$;根据式(7.26)可得区间型辅助解为 $\widetilde{\boldsymbol{y}}^* = ([-0.0334, -0.0010], [0.0075, 0.0365], [-0.0142, 0.0142], [0.0078, 0.0207], [0.0112, 0.0251], [0.0123, 0.0261], [0.0061, 0.0135], [0.0058, 0.0130], [0.0044, 0.0085], [0.0049, 0.0205], [-0.0003, 0.0203], [-0.0010, 0.0040], [-0.0078, -0.0032])$;根据式(7.27)和式(7.28)可求出各型飞机与正理想解的距离为 $d_1^+ = 0.2518$,$d_2^+ = 0.1889$,$d_3^+ = 0.0515$,$d_4^+ = 0.2494$,$d_5^+ = 0.3728$;各型飞机与辅助解的距离为 $d_1^* = 0.6698$,

表 7.9　加权规范化区间数决策矩阵

机型	σ/m^2	T_4/K	ε_e	M	P_{Ap}	h_d/m	P_{yd}	$\bar{P}_{fz}$	f	P_{kc}	T_r/h	ε_{kk}	ε_{kd}
1	(0.0523, 0.0598)	(0.0127, 0.0157)	(0.0618, 0.0725)	(0.0145, 0.0188)	(0.0236, 0.0285)	(0.0219, 0.0266)	(0.0119, 0.0146)	(0.0144, 0.0170)	(0.0107, 0.0119)	(0.0133, 0.0185)	(0.0364, 0.0438)	(0.0591, 0.0614)	(0.0590, 0.0613)
2	(0.1206, 0.1380)	(0.0127, 0.0157)	(0.0412, 0.0483)	(0.0139, 0.0181)	(0.0220, 0.0265)	(0.0234, 0.0284)	(0.0109, 0.0133)	(0.0152, 0.0180)	(0.0137, 0.0153)	(0.0145, 0.0202)	(0.0455, 0.0548)	(0.0435, 0.0452)	(0.0421, 0.0438)
3	(0.1182, 0.1352)	(0.0124, 0.0152)	(0.0824, 0.0967)	(0.0155, 0.0201)	(0.0236, 0.0285)	(0.0204, 0.0248)	(0.0103, 0.0127)	(0.0127, 0.0151)	(0.0122, 0.0136)	(0.0135, 0.0189)	(0.0390, 0.0470)	(0.0632, 0.0657)	(0.0615, 0.0640)
4	(0.1019, 0.1166)	(0.0139, 0.0172)	(0.0618, 0.0725)	(0.0146, 0.0189)	(0.0256, 0.0308)	(0.0219, 0.0266)	(0.0103, 0.0127)	(0.0127, 0.0151)	(0.0152, 0.0170)	(0.0126, 0.0175)	(0.0273, 0.0329)	(0.0333, 0.0346)	(0.0397, 0.0412)
5	(0.0650, 0.0743)	(0.0129, 0.0159)	(0.0618, 0.0725)	(0.0149, 0.0194)	(0.0210, 0.0253)	(0.0226, 0.0275)	(0.0109, 0.0133)	(0.0119, 0.0141)	(0.0114, 0.0127)	(0.0126, 0.0175)	(0.0273, 0.0329)	(0.0323, 0.0336)	(0.0281, 0.0292)

$d_2^* = 0.7311, d_3^* = 0.8721, d_4^* = 0.6739, d_5^* = 0.5495$；进而根据式（7.29）可求出各型飞机对理想解的贴近度为 $c_1 = 0.7268, c_2 = 0.7947, c_3 = 0.9442, c_4 = 0.7299, c_5 = 0.5958$。据此可以得出各型飞机的生存力优劣排序（由大到小）结果为 3、2、4、1、5，评估结果与基于区间数排序法的评估结果相一致，从而说明了该方法用于飞机生存力的不确定性评估的有效性。

7.4.3 区间数排序法和改进区间数 TOPSIS 法在飞机生存力评估实际应用中的选择方法

由第 7.3.6 节和第 7.4.3 节的实例分析可知，区间数排序法和改进区间数 TOPSIS 法为飞机生存力的不确定性评估提供了一种方法和手段，但由于二者在确定飞机生存力优劣顺序时的数学原理不同，导致它们在生存力评估实际应用中仍存在一定的差别。

区间数排序法可以解决飞机生存力的优劣排序问题，但不能有效反映两种机型生存力之间的差距，即某型飞机比另一种机型飞机的生存力好多少。例如，假设有 A、B、C 三种机型的生存力评估区间值分别为 $\widetilde{G}_A = [0, 0.1]$、$\widetilde{G}_B = [0.2, 0.3]$、$\widetilde{G}_C = [0.8, 0.9]$，由第 7.3.4 节可能度公式（参见式（7.20））可以得出 $p(\widetilde{G}_C \geqslant \widetilde{G}_A) = 1$，$p(\widetilde{G}_C \geqslant \widetilde{G}_B) = 1$、$p(\widetilde{G}_B \geqslant \widetilde{G}_A) = 1$，则得到可能度矩阵为

$$\boldsymbol{P} = \begin{bmatrix} 0.5 & 0 & 0 \\ 1 & 0.5 & 0 \\ 1 & 1 & 0.5 \end{bmatrix}$$

由式（7.21）可知，虽然可能度公式能够得到三种机型的生存力优劣排序（由大到小）为 C、B、A，但不能反映机型 B 与机型 C 的生存力差距明显大于机型 A 与机型 B 的生存力差距这一特点。而由改进 TOPSIS 的计算原理可知，采用对理想解的贴近度（参见式（7.27）~式（7.29））来反映每种机型的生存力优劣，根据每型飞机与理想解贴进度的大小不仅能得到各型飞机的生存力排序，而且能根据各型飞机贴进度之间的大小对比反映各型飞机生存力的差距，即贴进度相差越大，两种机型生存力的差距越大。

综上，若飞机生存力评估的目的是各型飞机的生存力排序或选出最优的机型，则区间数排序法和改进区间数 TOPSIS 法两种方法均能实现；若评估的目的是比较不同机型生存力的优劣差距，则可选用改进区间数 TOPSIS 法。

7.5 属性值为区间数的飞机生存力评估

首先基于区间数相离度和信息熵法确定了区间数决策矩阵的客观权重,并与区间层次分析法确定的主观权重相结合得到各评估指标的区间数权重,然后基于改进区间数 TOPSIS 法建立属性值和权重均为区间数的飞机生存力评估模型。

7.5.1 评估指标的规范化

决策矩阵为区间型,因此与第 7.3.2 节确定值决策矩阵的规范化方法不同。假设对 n 型飞机 $x_1,x_2,\cdots,x_n$ 的生存力进行评估,每型飞机用 m 个指标 s_1, $s_2,\cdots,s_m$ 评价,飞机 x_i 关于 s_j 的区间数属性值 $\tilde{u}_{ij}=[u_{ij}^L,u_{ij}^U]$,从而构成生存力评估的区间数决策矩阵 $\widetilde{U}=(\tilde{u}_{ij})_{n\times m}$。

设 $I_k(k=1,2)$ 分别表示效益型、成本型的下标集。根据式(7.30)和式(7.31)将区间数决策矩阵 $\widetilde{U}$ 转化为规范化区间数决策矩阵 $\widetilde{R}=(\tilde{r}_{ij})_{n\times m}$,其中 $\tilde{r}_{ij}=[r_{ij}^L,r_{ij}^U]$,即

$$\begin{cases} r_{ij}^L = u_{ij}^L \Big/ \sqrt{\sum_{i=1}^n (u_{ij}^U)^2} \\ r_{ij}^U = u_{ij}^U \Big/ \sqrt{\sum_{i=1}^n (u_{ij}^L)^2} \end{cases} \quad i=1,2,\cdots,n; j\in I_1 \tag{7.30}$$

$$\begin{cases} r_{ij}^L = (1/u_{ij}^U) \Big/ \sqrt{\sum_{i=1}^n (1/u_{ij}^L)^2} \\ r_{ij}^U = (1/u_{ij}^L) \Big/ \sqrt{\sum_{i=1}^n (1/u_{ij}^U)^2} \end{cases} \quad i=1,2,\cdots,n; j\in I_2 \tag{7.31}$$

7.5.2 权重确定方法

决策矩阵的元素是区间数,无法直接利用信息熵法。在利用信息熵法之前,需要对区间数决策矩阵进行量化处理,使其转化为确定值决策矩阵,利用区间数相离度来解决这一问题。

区间数相离度定义:设 $\tilde{a}=[a^L,a^U]$、$\tilde{b}=[b^L,b^U]$ 为两区间数,则称

$$L(\tilde{a},\tilde{b}) = \sqrt{(a^L-b^L)^2+(a^U-b^U)^2} \tag{7.32}$$

为区间数 $\tilde{a}$ 与 $\tilde{b}$ 的相离度。

设经式（7.30）和式（7.31）规范化后的飞机生存力决策矩阵为 $\widetilde{\boldsymbol{R}} = (\widetilde{r}_{ij})_{n \times m}$，将 $\widetilde{\boldsymbol{R}} = (\widetilde{r}_{ij})_{n \times m}$ 转化为相离度矩阵 $\boldsymbol{D} = (d_{ij})_{n \times m}$，其中 $d_{ij} = L(\widetilde{r}_{ij}, \widetilde{r}_j^+)$，$\widetilde{r}_j^+$ 为规范化后 n 型飞机中指标 s_j 的理想值，即

$$\widetilde{r}_j^+ = \left[\max_{1 \leqslant i \leqslant n}(r_{ij}^L), \max_{1 \leqslant i \leqslant n}(r_{ij}^U) \right] \quad j = 1, 2, \cdots, m \tag{7.33}$$

根据相离度的定义可知，规范化决策矩阵 $\widetilde{\boldsymbol{R}} = (\widetilde{r}_{ij})_{n \times m}$ 在任意一个评估指标 s_j 下的变异程度与相离度矩阵 $\boldsymbol{D} = (d_{ij})_{n \times m}$ 在评估指标 s_j 下的变异程度具有一致性，即 $\widetilde{\boldsymbol{R}} = (\widetilde{r}_{ij})_{n \times m}$ 在 s_j 下的变异程度越大（越小），$\boldsymbol{D} = (d_{ij})_{n \times m}$ 在 s_j 下的变异程度也越大（越小）。因此，可以用信息熵法求出相离度矩阵 $\boldsymbol{D} = (d_{ij})_{n \times m}$ 的各指标权重来代替对规范化区间数决策矩阵 $\widetilde{\boldsymbol{R}} = (\widetilde{r}_{ij})_{n \times m}$ 求权重。

7.5.3　属性值为区间数的飞机生存力评估模型

根据改进的区间数 TOPSIS 法，结合 7.5.2 节所述的指标权重获取方法，可得属性值为区间数的飞机生存力评估模型，具体步骤如下。

步骤 1：构造飞机生存力的区间数决策矩阵 $\widetilde{\boldsymbol{U}} = (\widetilde{u}_{ij})_{n \times m}$，其中 $\widetilde{u}_{ij}$ 表示飞机 x_i 关于指标 s_j 的区间数属性值，然后利用式（7.30）和式（7.31）将区间数决策矩阵 $\widetilde{\boldsymbol{U}} = (\widetilde{u}_{ij})_{n \times m}$ 转化为规范化区间数决策矩阵 $\widetilde{\boldsymbol{R}} = (\widetilde{r}_{ij})_{n \times m}$。

步骤 2：利用 7.3.3 节和 7.5.2 节的方法计算评估指标的区间数权重 $\widetilde{\omega}$。

步骤 3：构造加权规范化区间数决策矩阵 $\widehat{\boldsymbol{Y}} = (\widetilde{y}_{ij})_{n \times m}$。其中 $\widehat{\boldsymbol{Y}}$ 中的元素 $\widetilde{y}_{ij}$ 为

$$\widetilde{y}_{ij} = \widetilde{r}_{ij} \widetilde{\omega}_j \quad i = 1, 2, \cdots, n; j = 1, 2, \cdots, m \tag{7.34}$$

步骤 4：利用 7.4.2 节的改进区间数 TOPSIS 法对加权规范化区间数决策矩阵 $\widehat{\boldsymbol{Y}}$ 进行计算，从而得到 n 型待评估飞机的生存力优劣排序。

7.5.4　实例分析

根据所提出的飞机生存力评估方法，对表 7.10 所列的属性值为区间数的 5 种机型飞机的生存力进行评估。

利用式（7.30）和式（7.31）对表 7.10 中各个区间数指标值进行规范化处理，得到规范化区间数决策矩阵 $\widetilde{\boldsymbol{R}}$ 如表 7.11 所列。

表 7.10　飞机生存力区间数指标值

机型	σ/m^2	T_4/K	ε_e	M	P_{A_p}	h_d/m	P_{yd}	$\overline{P}_{fs}$	f	P_{kc}	T_r/h	ε_{kk}	ε_{kd}
1	(10.17, 12.43)	(1504.8, 1839.2)	(0.5, 1)	(22.95, 28.05)	(0.36, 0.44)	(0.261, 0.319)	(0.207, 0.253)	(0.315, 0.385)	(1.26, 1.54)	(0.495, 0.605)	(1.35, 1.65)	(0.5922, 0.7238)	(0.6165, 0.7535)
2	(4.41, 5.39)	(1504.8, 1839.2)	(0.25, 0.75)	(22.05, 26.95)	(0.387, 0.473)	(0.279, 0.341)	(0.189, 0.231)	(0.333, 0.407)	(1.62, 1.98)	(0.54, 0.66)	(1.08, 1.32)	(0.4365, 0.5335)	(0.4401, 0.5379)
3	(4.5, 5.5)	(1550.7, 1895.3)	(0.75, 1)	(24.48, 29.92)	(0.36, 0.44)	(0.243, 0.297)	(0.18, 0.22)	(0.279, 0.341)	(1.44, 1.76)	(0.504, 0.616)	(1.26, 1.54)	(0.7416, 0.9064)	(0.7515, 0.9185)
4	(5.22, 6.38)	(1375.2, 1680.8)	(0.5, 1)	(23.085, 28.215)	(0.333, 0.407)	(0.261, 0.319)	(0.18, 0.22)	(0.279, 0.341)	(1.8, 2.2)	(0.468, 0.572)	(1.8, 2.2)	(0.3339, 0.4081)	(0.4149, 0.5071)
5	(8.19, 10.01)	(1485, 1815)	(0.5, 1)	(23.67, 28.93)	(0.405, 0.495)	(0.27, 0.33)	(0.189, 0.231)	(0.261, 0.319)	(1.35, 1.65)	(0.468, 0.572)	(1.8, 2.2)	(0.324, 0.396)	(0.2934, 0.3586)

表 7.11　规范化区间决策矩阵

机型	σ/m^2	T_4/K	ε_e	M	P_{A_p}	h_d/m	P_{yd}	$\overline{P}_{fs}$	f	P_{kc}	T_r/h	ε_{kk}	ε_{kd}
1	(0.1998, 0.2985)	(0.36, 0.5377)	(0.2341, 0.8528)	(0.361, 0.5393)	(0.3725, 0.5565)	(0.363, 0.5423)	(0.4002, 0.5978)	(0.3913, 0.5845)	(0.306, 0.4572)	(0.3654, 0.5458)	(0.3721, 0.5558)	(0.4237, 0.633)	(0.4268, 0.6376)
2	(0.4608, 0.6884)	(0.36, 0.5377)	(0.117, 0.6396)	(0.3469, 0.5181)	(0.3465, 0.5176)	(0.3881, 0.5797)	(0.3654, 0.5459)	(0.4136, 0.6179)	(0.3935, 0.5878)	(0.3986, 0.5954)	(0.4651, 0.6948)	(0.3123, 0.4665)	(0.3047, 0.4551)
3	(0.4516, 0.6746)	(0.3493, 0.5218)	(0.3511, 0.8528)	(0.3851, 0.5752)	(0.3725, 0.5565)	(0.338, 0.5049)	(0.348, 0.5199)	(0.3465, 0.5177)	(0.3497, 0.5225)	(0.372, 0.5557)	(0.3987, 0.5955)	(0.5306, 0.7926)	(0.5203, 0.7772)
4	(0.3893, 0.5816)	(0.3939, 0.5884)	(0.2341, 0.8528)	(0.3631, 0.5425)	(0.4027, 0.6016)	(0.363, 0.5423)	(0.348, 0.5199)	(0.3465, 0.5177)	(0.4372, 0.6531)	(0.3454, 0.516)	(0.2791, 0.4169)	(0.2389, 0.3569)	(0.2872, 0.4291)
5	(0.2481, 0.3707)	(0.3648, 0.5449)	(0.2341, 0.8528)	(0.3723, 0.5562)	(0.3311, 0.4946)	(0.3755, 0.561)	(0.3654, 0.5459)	(0.3242, 0.4843)	(0.3279, 0.4898)	(0.3454, 0.516)	(0.2791, 0.4169)	(0.2318, 0.3463)	(0.2031, 0.3034)

将规范化的决策矩阵 $\widetilde{\boldsymbol{R}}$ 转化为相离度矩阵 $\boldsymbol{D}=(d_{ij})_{5\times13}$,得

$$\boldsymbol{D}=\begin{bmatrix} 0.4692 & 0.0610 & 0.1170 & 0.0433 & 0.0543 & 0.0450 & 0 & 0.0402 & 0.2358 & 0.0597 & 0.1672 & 0.1922 & 0.1680 \\ 0 & 0.0610 & 0.3166 & 0.0687 & 0.1010 & 0 & 0.0626 & 0 & 0.0786 & 0 & 0 & 0.3924 & 0.3875 \\ 0.0166 & 0.0801 & 0 & 0 & 0.0543 & 0.0900 & 0.0938 & 0.1206 & 0.1572 & 0.0478 & 0.1194 & 0 & 0 \\ 0.1285 & 0 & 0.1170 & 0.0394 & 0 & 0.0450 & 0.0938 & 0.1206 & 0 & 0.0955 & 0.3344 & 0.5244 & 0.4189 \\ 0.3823 & 0.0524 & 0.1170 & 0.0229 & 0.1287 & 0.0225 & 0.0626 & 0.1608 & 0.1965 & 0.0955 & 0.3344 & 0.5371 & 0.5701 \end{bmatrix}$$

按照信息熵法的计算步骤求得 $E_1=0.6552, E_2=0.8537, E_3=0.7888, E_4=0.8175, E_5=0.8176, E_6=0.7910, E_7=0.8488, E_8=0.8043, E_9=0.8200, E_{10}=0.8353, E_{11}=0.8076, E_{12}=0.8217, E_{13}=0.8140$,进一步求得各指标的信息熵权 $\boldsymbol{\omega}_s=(0.1366, 0.0580, 0.0837, 0.0723, 0.0723, 0.0828, 0.0599, 0.0775, 0.0713, 0.0652, 0.0762, 0.0706, 0.0737)^T$,结合表 7.8 区间层次分析法确定的各指标权重 $\widetilde{\boldsymbol{\omega}}_{CZ}$,利用式(7.17)对主观权重与客观权重相结合,取 $\lambda=0.6$,计算得到相对于飞机生存力各指标的区间数权重分别为 $\widetilde{\boldsymbol{\omega}}=([0.1640, 0.1948], [0.0504, 0.0571], [0.1265, 0.1509], [0.0605, 0.0703], [0.0760, 0.0866], [0.0802, 0.0908], [0.0454, 0.0509], [0.0525, 0.0580], [0.0394, 0.0426], [0.0528, 0.0645], [0.0678, 0.0842], [0.0543, 0.0585], [0.0555, 0.0597])^T$。

进一步求得加权规范化区间数决策矩阵 $\widetilde{\boldsymbol{Y}}$,如表 7.12 所列。

根据式(7.24)可确定区间型正理想解为 $\widetilde{\boldsymbol{y}}^+=([0.0756, 0.1341], [0.0198, 0.0336], [0.0444, 0.1287], [0.0233, 0.0404], [0.0306, 0.0521], [0.0311, 0.0527], [0.0182, 0.0305], [0.0217, 0.0358], [0.0172, 0.0278], [0.0210, 0.0384], [0.0315, 0.0585], [0.0288, 0.0464], [0.0289, 0.0464])$;根据式(7.25)可确定区间型负理想解为 $\widetilde{\boldsymbol{y}}^-=([0.0328, 0.0581], [0.0176, 0.0298], [0.0148, 0.0965], [0.0210, 0.0364], [0.0252, 0.0428], [0.0271, 0.0459], [0.0158, 0.0265], [0.0170, 0.0281], [0.0121, 0.0195], [0.0182, 0.0333], [0.0189, 0.0351], [0.0126, 0.0203], [0.0113, 0.0181])$;根据式(7.26)可确定区间型辅助解为 $\widetilde{\boldsymbol{y}}^*=([-0.0686, 0.0407], [0.0016, 0.0397], [-0.0991, 0.1487], [0.0015, 0.0496], [-0.0018, 0.0551], [0.0016, 0.0606], [0.0012, 0.0348], [-0.0018, 0.0345], [-0.0037, 0.0218], [-0.0019, 0.0455], [-0.0207, 0.0387], [-0.0212, 0.0117], [-0.0239, 0.0074])$。根据式(7.27)和式(7.28)可求出各型飞机与正理想解的距离为:d_1^+

$=0.2220$，$d_2^+ =0.1551$，$d_3^+ =0.0688$，$d_4^+ =0.1911$，$d_5^+ =0.2952$；

表 7.12 加权规范化区间数决策矩阵

机型	σ/m^2	T_d/K	ε_e	M	P_{A_p}	h_d/m	P_{yd}	$\bar{P}_{fz}$	f	P_{kc}	T_r/h	ε_{kk}	ε_{kd}
1	(0.0328, 0.0581)	(0.0181, 0.0307)	(0.0296, 0.1287)	(0.0218, 0.0379)	(0.0283, 0.0482)	(0.0291, 0.0493)	(0.0182, 0.0305)	(0.0205, 0.0339)	(0.0121, 0.0195)	(0.0193, 0.0352)	(0.0252, 0.0468)	(0.023, 0.037)	(0.0237, 0.0381)
2	(0.0756, 0.1341)	(0.0181, 0.0307)	(0.0148, 0.0965)	(0.021, 0.0364)	(0.0263, 0.0448)	(0.0311, 0.0527)	(0.0166, 0.0278)	(0.0217, 0.0358)	(0.0155, 0.0251)	(0.021, 0.0384)	(0.0315, 0.0585)	(0.017, 0.0273)	(0.0169, 0.0272)
3	(0.074, 0.1314)	(0.0176, 0.0298)	(0.0444, 0.1287)	(0.0233, 0.0404)	(0.0283, 0.0482)	(0.0271, 0.0459)	(0.0158, 0.0265)	(0.0182, 0.03)	(0.0138, 0.0223)	(0.0196, 0.0358)	(0.027, 0.0502)	(0.0288, 0.0464)	(0.0289, 0.0464)
4	(0.0638, 0.1133)	(0.0198, 0.0336)	(0.0296, 0.1287)	(0.022, 0.0381)	(0.0306, 0.0521)	(0.0291, 0.0493)	(0.0158, 0.0265)	(0.0182, 0.03)	(0.0172, 0.0278)	(0.0182, 0.0333)	(0.0189, 0.0351)	(0.013, 0.0209)	(0.0159, 0.0256)
5	(0.0407, 0.0722)	(0.0184, 0.0311)	(0.0296, 0.1287)	(0.0225, 0.0391)	(0.0252, 0.0428)	(0.0301, 0.051)	(0.0166, 0.0278)	(0.017, 0.0281)	(0.0129, 0.0209)	(0.0182, 0.0333)	(0.0189, 0.0351)	(0.0126, 0.0203)	(0.0113, 0.0181)

各型飞机与辅助解的距离为 $d_1^* = 0.6965$，$d_2^* = 0.8239$，$d_3^* = 0.8632$，$d_4^* = 0.7356$，$d_5^* = 0.6526$；进而根据式(7.29)可求出各型飞机对理想解的贴近度为 $c_1 = 0.7583$，$c_2 = 0.8415$，$c_3 = 0.9262$，$c_4 = 0.7938$，$c_5 = 0.6886$。由上面的计算结果可以得出各型飞机的生存力优劣排序(由大到小)结果为 3、2、4、1、5，根据专家定性分析，这个结果符合飞机生存力的实际情况。

第8章
飞机生存力权衡设计方法

提高飞机的生存力,可以在新机的方案设计中进行高生存力设计,也可以在旧机改型中采用一些降低敏感性或易损性的增强措施。但是,不适当地追求飞机敏感性和易损性的降低,可能对飞机的武器载荷、重量、费用等其他指标产生不利影响。因此,飞机生存力设计是一个效益与代价的综合权衡过程,要对相关设计指标进行综合协调和权衡才能获得全局最优的生存力设计方案,实现以最小的代价换取最大的效益。对飞机生存力设计参数进行灵敏度分析,可以更深入地分析设计参数对生存力的影响变化,从而有针对性地开展生存力设计及改进工作,避免工作中的盲目性,提高设计和改进效率。同时,生存力设计参数灵敏度分析也是生存力优化设计的基础。

8.1 飞机生存力设计参数灵敏度分析方法

飞机生存力对设计参数的灵敏度反映了设计参数的微小变化引起飞机生存力变化的程度及趋势。如果飞机生存力对某一设计参数的灵敏度很大,则意味着该设计参数对飞机生存力的影响很大,对该设计参数进行改进可以使飞机生存力获得较大的提高;相反,如果灵敏度很小,则意味着该设计参数对飞机生存力的影响不大,在条件有限的条件下,没有必要对其进行增强性设计。由此可见,对设计参数进行灵敏度分析,可以为飞机作战生存力增强设计提供理论指导,为飞机设计人员进行精确的改进方案比较提供重要的信息,从而有针对性地开展生存力设计及改进工作。

8.1.1 灵敏度分析理论

所谓灵敏度分析就是研究输入变量 X 中的某个元素(或者说单个输入变

量)对输出结果不确定度的重要性,即度量一种因子的变化对另一因子的影响程度。目前灵敏度分析方法已在飞行器设计、发动机设计、舰艇设计、车体设计、结构设计及电子设备设计等诸多领域得到了很好的应用。

若一个函数 f,可以由一个或一个以上的参数 $(x_1, x_2, \cdots, x_l)$ 来表示,那么 f 对于参数的导数(只有一个参数)或者偏导数(两个或两个以上参数)就是函数 f 对参数的灵敏度,表示为

$$S = \frac{\mathrm{d}y(X)}{\mathrm{d}x} \text{ 或 } S_i = \frac{\partial y(X)}{\partial x_i} \quad (i=1,2,\cdots,l) \tag{8.1}$$

式中:$S(S_i)$ 为因变量 $y(X)$ 对参数 $x(x_i)$ 的灵敏度;l 为模型中参数的个数。由于不同的参数 x_i 单位可能不同,因此式(8.1)计算得到的不同参数的灵敏度之间无法进行直接对比,故引入相对灵敏度的概念,即

$$S_i = \frac{\frac{\partial y(X)}{y(X)}}{\frac{\partial x_i}{x_i}} \quad (i=1,2,\cdots,l) \tag{8.2}$$

通常无法直接由式(8.1)、式(8.2)求得生存力关于某一参数的显式灵敏度函数,因此采用有限差分法来对式(8.1)、式(8.2)做近似数值计算。对于某一特定参数 x_i,取一微小增量 Δx_i,使 x_i 变到 $x_i + \Delta x_i$,其他参数保持不变,用式(8.3)、式(8.4)获得灵敏度的近似值。计算中,其他参数的取值可能会对灵敏度计算结果产生影响,可在计算 x_i 的灵敏度时,随机生成若干组其他参数的组合,分别计算 x_i 在每组参数组合时的灵敏度,取其平均值作为 x_i 的灵敏度。而对于现有机型的改进设计,由于拟改进参数的具体值确定,因此在计算参数 x_i 的灵敏度时,可直接将其他参数固定为真实值,完成参数 x_i 的灵敏度计算,即

$$S_i = \frac{\partial y(X)}{\partial x_i} \approx \frac{y(x_1, \cdots, x_i + \Delta x_i, \cdots, x_l) - y(x_1, \cdots, x_i, \cdots, x_l)}{\Delta x_i} \tag{8.3}$$

$$S_i = \frac{\frac{\partial y(X)}{y(X)}}{\frac{\partial x_i}{x_i}} \approx \frac{[y(x_1, \cdots, x_i + \Delta x_i, \cdots, x_l) - y(x_1, \cdots, x_i, \cdots, x_l)]/y(x_1, \cdots, x_i, \cdots, x_l)}{\Delta x_i/x_i}$$

$$\tag{8.4}$$

由式(8.3)、式(8.4)可以看出:式(8.3)为因变量的绝对差值和输入参数绝对差值的比值,其值相当于因变量与输入参数构成的曲线的绝对斜率,适用于比较同一个参数在不同取值时对因变量的影响大小;式(8.4)为因变量输出变化百分比与输入参数变化百分比的比值,其值相当于曲线单位标准化之后的转换斜率,由于为无量纲,因此适用于比较不同参数对因变量的影响大小。对于飞机生存力问题,式(8.3)适用于确定某一个设计参数在哪段取值区间对生

存力的影响较大；式(8.4)适用于比较不同的设计参数对飞机生存力的影响大小。

8.1.2　基于支持向量机代理模型的飞机生存力灵敏度分析方法

由灵敏度分析理论可知，对飞机生存力设计参数进行灵敏度分析，需要进行多次生存力计算，因此如果直接采用生存力计算模型来进行计算分析，虽然能够较好地满足计算精度要求，但工作量大、周期长，效率往往较低。因此，需要寻找一种模型或方法，在进行飞机生存力的灵敏度计算中，替代原始的生存力计算模型，从而既保证计算结果具有较高的精度，同时减小计算花费，提高计算效率。代理模型技术是解决以上问题的有效途径，已在工程优化中获得了广泛的应用。

1. 代理模型基本理论

所谓代理模型，是指在不降低精度的情况下构造的一个计算量小、周期短，但计算结果与数值分析或物理实验结果相近的数学模型。它利用已知点(样本)的响应信息来预测未知点的响应值，其实质是一个以拟合精度和预测精度为约束，利用近似方法对离散数据进行拟合的数学模型。

构造代理模型一般需要 4 个步骤：①确定设计变量以及设计变量的取值范围；②用某种试验设计方法(Design of Experiment, DOE)产生设计变量的样本点；③使用性能分析模型(仿真软件或真实试验)对这些样本点进行分析，获得一组输入/输出的数据；④用某种拟合方法来拟合这些输入/输出的样本数据，构造出近似模型。

1) 试验设计方法

试验设计是代理模型技术的重要组成部分，因为如果选取的样本点不能提供充分的数据信息，即使样本数量再多，也很难得到满意的结果，故样本点选取的好坏直接影响到构建的代理模型的精度。而试验设计就是在整个设计空间选取有限数量的样本点，实现以最少的试验次数获取响应和因素之间最多的信息。试验设计的方法很多，常用的有全因子试验设计、拉丁超立方试验设计、正交试验设计、均匀试验设计与中心组合试验设计等。由于拉丁超立方试验设计方法具有对于产生的样本点可以确保其代表向量空间中的所有部分，并且这种取样方法有相当大的随意性，无需考虑问题的维数，样本的数目可多可少，因此选用拉丁超立方试验设计方法进行样本点的选取。

拉丁超立方试验设计方法是一种约束随机的生成均匀样本点的试验设计和采样方法，是专门为计算机仿真试验提出的一种试验设计类型。假设问题共有 n 个设计变量，每个设计变量有 r 个水平值，拉丁超立方试验设计可生成一个

$r \times n$ 的矩阵，其方法步骤为：①确定所需的试验次数 r；②将每个设计变量划分为 r 组，即 r 个水平，并使得每组被取到的概率均为 $1/r$；③在每个子区间中，以任意随机数的方式取样；④重复①至③。

2）支持向量机（Support Vector Machine，SVM）代理模型技术

目前常用的代理模型主要包括多项式回归模型、径向基函数、Kriging 模型、神经网络模型等。

多项式回归模型易于实现，但是逼近非线性问题的能力较差；径向基函数对带有噪声信号的样本非常敏感；Kriging 模型虽然对非线性问题有较高的准确度，但模型的获取和使用难度较大，并且 Kriging 模型计算效率较低，对多维问题显得尤为突出，因此，构造 Kriging 模型时所用的时间较多，应用于大型复杂工程问题的优化时会花费较高的计算成本。另外，对于小样本情况，Kriging 模型由于计算相关矩阵的信息量不足，会使得 Kriging 模型的预测效果不理想；神经网络存在"过学习"现象，要获得准确的代理模型需要大量的学习样本。

上述代理模型在实际应用中存在一定缺陷的原因主要是现有代理模型共同的理论基础之一是传统的统计学，研究的是样本数目趋于无穷大时的渐进理论，对于解决样本数量有限的实际问题误差较大。因此，引入基于统计学习理论的支持向量机代理模型。

支持向量机建立在统计学习理论中结构风险最小化准则基础上，能较好地解决小样本、高维数、强非线性和局部极值等实际问题，具有很强的泛化能力，目前已在代理模型方面取得了许多成功的应用。

用支持向量机构造代理模型的基本原理是利用支持向量机进行回归分析，用回归模型作为代理模型。假设已知 n 个样本点 $\{(x_1, y_1), (x_2, y_2), \cdots, (x_n, y_n)\}$，$x_i, y_i \in R$，支持向量回归问题就是希望找到函数 $f(x) = <\omega, x> + b$，式中 $<\cdot, \cdot>$ 表示两个向量的内积，使其可以在精度 ε 下对所有样本进行线性拟合，即

$$\begin{cases} y_i - <\omega, x_i> - b \leqslant \varepsilon \\ <\omega, x_i> + b - y_i \leqslant \varepsilon \end{cases} \tag{8.5}$$

式中：ε 为不敏感参数。上述回归问题可转化为求解一个二次凸规划问题，其解具有全局最优性，即

$$\min \frac{1}{2} \| \omega \|^2$$

$$\text{s. t.} \begin{cases} y_i - <\omega, x_i> - b \leqslant \varepsilon \\ <\omega, x_i> + b - y_i \leqslant \varepsilon \end{cases} \tag{8.6}$$

考虑允许的拟合误差，引入松弛变量 ξ_i, ξ_i^* 和惩罚因子 C，因此函数的拟合

问题转化为如下的优化问题，即

$$\min \frac{1}{2}\parallel \omega \parallel^2 + C\sum_{i=1}^{n}(\xi_i + \xi_i^*)$$

$$\text{s.\,t.} \begin{cases} y_i - <\omega, x_i> - b \leqslant \varepsilon + \xi_i \\ <\omega, x_i> + b - y_i \leqslant \varepsilon + \xi_i^* \\ \xi_i \geqslant 0, \xi_i^* \geqslant 0, i = 1, 2, \cdots, n \end{cases} \tag{8.7}$$

引入拉格朗日（Lagrange）乘子 α_i 和 α_i^*，得到式（8.7）的对偶优化问题为

$$\min \frac{1}{2}\sum_{i=1}^{n}\sum_{j=1}^{n}(\alpha_i - \alpha_i^*)(\alpha_j - \alpha_j^*)<x_i, x_j> + \varepsilon\sum_{i=1}^{n}(\alpha_i + \alpha_i^*) - \sum_{i=1}^{n}y_i(\alpha_i - \alpha_i^*)$$

$$\text{s.\,t.} \begin{cases} \sum_{i=1}^{n}(\alpha_i - \alpha_i^*) = 0 \\ 0 \leqslant \alpha_i, \alpha_i^* \leqslant 0, \quad i = 1, 2, \cdots, n \end{cases}$$

$$\tag{8.8}$$

由此，回归问题归结为二次优化问题，根据 KKT（Kanush-Kuhn-Tunker）条件，在最优解处，有

$$\begin{cases} \alpha_i(y_i - <\omega, x_i> - b + \varepsilon + \xi_i) = 0 \\ \alpha_i^*(<\omega, x_i> + b - y_i + \varepsilon + \xi_i^*) = 0 \\ (C - \alpha_i)\xi_i = 0 \\ (C - \alpha_i^*)\xi_i^* = 0 \end{cases} \tag{8.9}$$

由式（8.9）可得支持向量机线性拟合函数为

$$f(x) = <\omega, x> + b = \sum_{i=1}^{n}(\alpha_i - \alpha_i^*)<x, x_i> + b \tag{8.10}$$

$$b = y_j - \sum_{i=1}^{n}(\alpha_i - \alpha_i^*)<x_i, x_j> + \varepsilon \tag{8.11}$$

对于非线性回归问题，支持向量机使用一非线性映射将数据映射到一个高维特征空间中，再在高维特征空间进行线性回归。根据泛函理论，映射到高维特征空间的内积运算等价于原低维空间的一个核函数 $K(x, x_i)$ 代换，因此得到支持向量回归机非线性拟合函数为

$$f(x) = \sum_{i=1}^{n}(\alpha_i - \alpha_i^*)K(x, x_i) + b \tag{8.12}$$

由于 RBF 核函数是一个普遍适用、应用最广泛的一种核函数，通过参数的选择，它可以适用于任意分布的样本。因此，采用 RBF 核函数作为 SVM 回归机的核函数，其表达式为

$$K(x, x_i) = \exp\left(-\frac{\parallel x - x_i \parallel^2}{\sigma^2}\right) \tag{8.13}$$

式中：σ 为核参数。

支持向量机回归模型的精度与惩罚因子 C、RBF 核参数 σ 以及不敏感参数 ε 的取值有关，因此一般采用交叉验证的方法来确定 3 个参数的值。交叉验证方法将数据集随机分成训练集、验证集和检验集三部分。利用训练集对给定的不同组合的参数来估计回归函数，通过验证集选择最优的一组参数，最后用检验集评估模型的拟合效果。交叉验证在计算代价和可靠的参数估计之间提供了最好的折中方案。它能够防止过学习现象。交叉验证方法是：将训练样本集随机地分成 k 个互不相交的子集，每个子集的大小大致相等。利用 $k-1$ 个训练子集，对给定的一组参数建立回归模型，利用剩下的最后一个子集的均方差 MSE 评估参数的性能。根据以上过程重复 k 次。因此每个子集都有机会进行测试，根据 k 次迭代后得到的均方差的平均值来估计期望泛化误差，最后选择一组最优的参数。当 $k=N$ 时，其中 N 为训练样本数，每次迭代只留下一个样本作为测试，因此称为留一法。

2. 基于支持向量机代理模型的飞机生存力灵敏度计算步骤

根据以上分析，基于支持向量机代理模型的飞机生存力灵敏度计算步骤如下。

(1) 确定灵敏度分析的参数（设计变量）X 及 X 的取值区间，其中 X 为 m 维变量。

(2) 通过拉丁超立方试验设计，生成构造代理模型的 n 个样本点 $S=(X_1, X_2, \cdots, X_n)^T$，其中 X_i 为第 i 个 m 维设计变量。

(3) 利用建立的原始生存力计算模型计算 n 个样本点 S 处的响应值 $Y=(Y_1, Y_2, \cdots, Y_n)^T$，其中 Y_i 为 q 维响应值，因此得到 n 个样本对 (S,Y)。

(4) 样本预处理。在进行样本训练之前，考虑到随机变量的参数取值范围可能相差较大，为了加快训练速度，采用式 (8.14) 对样本进行预处理，这样经过预处理的样本值可以在 $[0,1]$ 之间，即

$$X'_{i,j} = \frac{X_{i,j} - X_{\text{mini},j}}{X_{\text{maxi},j} - X_{\text{mini},j}} \tag{8.14}$$

式中：$X_{i,j}$、$X'_{i,j}$ 分别为预处理前、后的样本值；$X_{\text{maxi},j}$、$X_{\text{mini},j}$ 分别为所有样本点中第 j 维变量的最大值和最小值。

(5) 以其中一部分样本对作为训练样本，构建 SVM 代理模型 $f(X)$，采用交叉验证法选择模型参数 C、σ 和 ε，并利用余下的样本点对模型进行检验。选用样本相对误差均值和相对误差标准差来进行近似精度分析。如果模型拟合与预测精度都满足要求，就结束；否则改进代理模型，直到拟合精度与预测精度满足要求为止。

① 相对误差均值 $\bar{e} = \dfrac{1}{n} \sum\limits_{i=1}^{n} e_i$。式中：$e_i = \left| \dfrac{y_i - y_i'}{y_i} \right|$；$y_i$ 和 y_i' 分别为第 i 个样本点的精确值和代理模型的近似值；n 为样本点数量。

② 相对误差标准差 $\sigma_e = \sqrt{\sum\limits_{i=1}^{n} (e_i - \bar{e})^2 / n}$。

（6）利用 8.1.1 节灵敏度分析理论，结合 SVM 代理模型对飞机生存力进行灵敏度分析。

3. 设计变量确定及输入输出函数关系说明

飞机的生存力主要与飞机的敏感性、易损性和作战能力有关，因此本章选择飞机的 RCS 值 σ、为致命性部件加载装甲的质量 m_{h_d} 和挂载武器质量 m_w 为设计（改进）变量。通过设计（改进）这 3 个参数的值，可以提高飞机的生存力，但同时也会增加飞机的质量，研究如何进行这 3 个参数的设计（改进）以实现最小的增重代价换取生存力提高的最大化。

下面介绍 RCS 值 σ、为致命性部件加载装甲的质量 m_{h_d} 和挂载武器质量 m_w 这 3 个参数与飞机生存力及飞机质量的函数关系。

设飞机最大可用载质量 $m_{\max}$ 不变，可以用来减缩 RCS 值 σ、为致命性部件加载装甲或者挂载武器。敏感性或易损性设计导致质量增加或减少等于载弹量的减少或增加，即飞机减小 RCS 值 σ 引起的飞机增重 m_σ、飞机加载装甲的质量 m_{h_d} 以及飞机挂载导弹的质量 m_w 三者的约束范围均为 $0 \sim m_{\max}$，并且 $0 \leqslant m_w + m_{h_d} + m_\sigma \leqslant m_{\max}$。

（1）σ 与飞机生存力及飞机增重的关系。由敏感性计算公式可确定 σ 与飞机被雷达探测到的概率 P_d 的函数关系、确定 σ 与飞机被击中的概率 P_h 的函数关系，进而可确定 σ 与飞机生存力的函数关系。关于 σ 与飞机增重 m_σ 的关系，减小飞机的 RCS 会引起飞机质量的增加，并且这种增加的趋势是非线性的。RCS 减缩量越大，飞机在成本、质量等方面付出的代价越高，即：减缩量在 10dB 以下时，这种代价的升高是缓慢的；而减缩量超过 20dB 时，这种代价会急剧升高。由于目前还没有飞机的 RCS 值与飞机增重 m_σ 的精确对应关系，因此根据概念飞机增重 m_σ 与 RCS 值的非线性对应关系趋势图，通过咨询专家对其进行分析并赋值，基于高斯函数对其进行拟合，得到 m_σ 与 σ 的函数为

$$m_r = a_1 \mathrm{e}^{-\left(\frac{\sigma - b_1}{c_1} \right)^2} + a_2 \mathrm{e}^{-\left(\frac{\sigma - b_2}{c_2} \right)^2} \tag{8.15}$$

式中：$a_1 = 2.175 \times 10^4$；$b_1 = -2.515$；$c_1 = 1.865$；$a_2 = 432.4$；$b_2 = 1.494$；$c_2 = 5.041$。

（2）为致命性部件加载装甲的质量 m_{h_d} 与飞机生存力及飞机增重的关系。将飞机加载的装甲质量 m_{h_d} 除以装甲密度，得到飞机加载装甲的体积，用该体

137

积除以飞机所有致命性部件的迎击面积,得到装甲的厚度,然后利用等效靶转换公式将其转换为致命性部件的等效靶厚度 h_d,进而得出 m_{h_d} 与生存力的函数关系。

(3) m_w 与飞机生存力及飞机增重的关系。将 m_w 除以单枚机载武器的质量并取整可得飞机挂载的武器数量 n,则可得出 m_w 与生存力函数关系。

8.1.3 旧机改型中设计参数的灵敏度分析

在飞机改型设计中,可通过降低飞机敏感性、易损性和提高作战能力等方法来提高现有飞机的生存力。本分析中,考虑通过降低飞机的 RCS、为致命性部件加载装甲(增大致命性部件等效靶厚度)和增加飞机武器挂载量 3 种措施来提高飞机的生存力,且每种改进措施都要付出增加飞机质量的代价。现分析如何选择增强措施方案以实现最小的增重代价换取最大的生存力提高。

令飞机的 RCS 值 σ、等效靶厚度 h_d 和挂载武器质量 m_w 为设计变量,对每个设计变量在其取值区间内的每个分析点 x_i 取增量 Δx_i 为 10%,利用式(8.4)分别计算出飞机生存力对每个设计变量 σ、h_d 和 m_w 在分析点处的灵敏度 S_{Ri}、S_{Hi}、S_{Wi} 以及相应的飞机增重对每个设计变量 σ、h_d 和 m_w 的灵敏度 S_{MRi}、S_{MHi}、S_{MWi}。通常仅仅依靠生存力对设计变量的灵敏度和飞机增重对设计变量的灵敏度,很难选取出质量轻且生存力高的设计方案。例如,假设减缩飞机的 RCS 值 σ 对飞机生存和飞机增重两个灵敏度都比较大,减少其值虽能较大地提高飞机的生存力,但同时也使飞机的质量增加较大,很难判断该改进方案是否可取。因此为了能够综合反映改进方案对飞机生存力和质量的影响,从高生存力、轻质量的角度出发,用相对灵敏度的比值表示改进方案对飞机生存力和重量的综合影响,即利用上面求得的灵敏度数值,计算参数 S_{Ri}/S_{MRi}、S_{Hi}/S_{MHi}、S_{Wi}/S_{MWi}。上述 3 个参数代表了设计变量的微小变化所引起的生存力相对变化值与增重相对变化值的比值,且比值为标准无量纲形式,比值结果包含以下 3 种情况。

(1) 比值大于 1,则比值越大,说明该设计变量对生存力的灵敏度越大于对质量的灵敏度,即增大等量该设计变量,飞机生存力的增加值大于质量的增加值。换句话说,增加等量质量代价所引起的飞机生存力提高值越大。

(2) 比值大于 0 且小于 1,说明该设计变量对生存力的灵敏度小于对质量的灵敏度,即改变等量该设计变量,飞机生存力的变化值小于质量的变化值。灵敏度比值在该区间内时,比值越大,则增加等量质量代价所引起的飞机生存力提高值越大。

(3) 比值小于零,绝对值越大,说明减小等量质量可引起越大的生存力提高,或增加等量的质量可引起越大的生存力的降低。

综合上述 3 种情况可知,当灵敏度比值大于 0 时(情况(1)和情况(2)),比值越大则效益越好;当灵敏度比值小于 0 时(情况(3)),比值的绝对值越小则效益越好。

基于以上方法,根据待改进的现有机型的 RCS、等效靶厚度和挂载武器质量的实际值计算出 S_{Ri}/S_{MRi}、S_{Hi}/S_{MHi}、S_{Wi}/S_{MWi},根据上述 3 种情况的分析选择改进方案。

8.1.4 新机方案设计中设计参数的灵敏度分析

对于新机方案设计,由于各个设计参数的取值还不确定,因此普遍采用优化设计的方法来对新机进行设计,以寻求最优的设计方案。对于飞机生存力优化设计,设计参数的取值范围对优化过程和优化结果影响很大,实际中往往需要反复调整。设计参数取值范围过大,则优化效率降低;若设计参数取值范围过小,则可能造成搜索不到最优解。因此,设计参数初始取值范围的确定是进行新机方案设计必须首要解决的问题,而对每个设计参数进行灵敏度分析可以作为确定设计参数初始取值范围的一种辅助手段以指导优化设计。由于此处灵敏度分析的目的是比较同一个参数在不同取值区间时的灵敏度大小,因此利用式(8.3)计算每个设计参数在一个较大取值范围内对优化目标的灵敏度,然后根据灵敏度较小的区域,自变量的变化对优化目标的影响较小,即在优化过程中,生存力在设计参数灵敏度较小的区域变化较小的原理,选择灵敏度较大的区域作为该优化参数的初始取值范围,从而缩小了优化变量的初始域,提高了优化效率,同时也避免了搜索不到最优解情况的发生。

8.1.5 仿真计算及结果分析

战场想定如下:一架对地攻击飞机与地空导弹系统(RCS 值为 20m^2)遭遇,遭遇距离为 35km。地空导弹系统拥有搜索、跟踪雷达以及地空导弹防御系统,搜索雷达、跟踪雷达及飞机机载雷达的主要性能参数如表 8.1 所列。地空导弹系统发现飞机后发射导弹打击飞机,导弹飞行速度为 500m/s,有效射程为 35km,拟合常数 $c_1=0.003$,$c_2=0$,$c_3=0$,战斗部装药类型为 TNT,装药质量比为 1.0,破片为钢质球形,质量为 1g,总数为 1000,破片静态前、后缘扩散角分别为 50°和 120°。

飞机在 11km 高空以 300m/s 速度飞行,飞机模型如图 8.1 所示,致命性部件原始数据如表 8.2 所列,其中 f_2 与 f_3、e_1 与 e_2 互为余度部件,其余部件为非余度部件,飞机总曝露面积为 100m^2,σ 与飞机增重的关系如式(8.15)所示,飞机挂载的每枚空地导弹的质量为 500kg,对目标的击中概率 P_H 为 0.6,对目标

139

的杀伤概率 P'_K 为 0.6,装甲材料是强度极限为 1200MPa、密度为 7900kg/m³ 的钢。

仿真中 SVM 代理模型采用 LIBSVM 软件包实现。

表 8.1　雷达主要性能参数

	P_{fa0}	R_0/km	σ_0/m²	D_0/dB	P_{d0}
地空导弹搜索雷达系统	10^{-6}	60	2.5	/	80%
地空导弹跟踪雷达系统	10^{-6}	40	2.5	19.155	80%
机载雷达系统	10^{-6}	55.6	5	/	80%

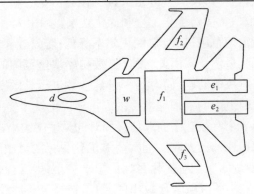

图 8.1　飞机模型

表 8.2　致命性部件原始数据

部件代码	部件名称	暴露面积 A_{pi}/m²	等效靶厚度 h_{d0}/m
d	驾驶舱	3	0.03
w	军械舱	6	0.03
f_1	油箱 1	15	0.03
f_2	油箱 2	4	0.03
f_3	油箱 3	4	0.03
e_1	发动机 1	6	0.03
e_2	发动机 2	6	0.03

1. SVM 代理模型精度检验

针对图 8.2 所示的飞机模型,取设计变量 σ 变化范围为 $0.1 \sim 10\text{m}^2$,h_d 变化范围为 $0 \sim 0.02\text{m}$,m_w 变化范围为 $0 \sim 3500\text{kg}$。按照拉丁超立方试验设计方法

抽取 100 个样本作为训练样本,然后另用拉丁超立方法再抽取 40 个样本作为测试样本。将输入样本进行数据归一化处理后,采用 SVM 回归技术建立设计参数与飞机生存力的代理模型,经过交叉验证方法选取模型参数为 $C=10$,$\sigma=0.2$,$\varepsilon=0.01$。用训练样本对 SVM 进行训练后,对 40 个测试样本进行预测精度检验,得到预测的相对误差均值 $\bar{e}=0.0137$,相对误差标准差 $\sigma_e=0.0096$,由此可以看出 SVM 预测精度和泛化性能较好,验证了用 SVM 模型替代实际飞机生存力计算的可行性。

2. 旧机改型设计

利用建立好的 SVM 代理模型及式(8.4),分别在 σ、h_d 和 m_w 各自的变化范围内为作出 S_R/S_{MR} 随 σ、S_H/S_{MH} 随 h_d、S_W/S_{MW} 随 m_w 变化的曲线,如图 8.2 所示。从图 8.2 可以看出,S_R/S_{MR}、S_H/S_{MH} 和 S_W/S_{MW} 的值均为正,则设计变量的增大(或减小)会同时引起生存力和飞机质量的增大(或减小),并且该比值越大,则增大等量质量代价所引起的生存力增加值越大,即效益越好,因此选择 S_R/S_{MR}、S_H/S_{MH} 和 S_W/S_{MW} 值较大的区域所对应的设计变量进行改进可以获得较大的效益代价比。图 8.2(b)和图 8.2(c)中,S_H/S_{MH} 和 S_W/S_{MW} 值范围分别为 0~0.4111 和 0.0058~0.4422。而在图 8.2(a)中,当 σ 在 1.1~6.2m² 之间时,对应的 S_R/S_{MR} 值范围为 0.4578~1.6673,大于 S_H/S_{MH} 和 S_W/S_{MW} 值,因此在此种情况下改进 σ 可以获得较大的效益代价比;当 $\sigma<1.1$m² 或 $\sigma>7.1$m² 时,$S_R/S_{MR}<0.4$,而当 h_d 在 0.006~0.008m 之间、m_w 在 1166~2368kg 之间时,S_H/S_{MH} 和 S_W/S_{MW} 均大于 0.4,即此时应增大 h_d 或 m_w 以获得最大的效益;对于其他情况可以根据具体的 S_R/S_{MR}、S_H/S_{MH} 和 S_W/S_{MW} 值确定改进的参数。

从灵敏度的分析结果可以看出,因变量对自变量的灵敏度并不是一个定值,而是随着自变量的取值区间变化。因此,对现有机型进行改进以提高生存力,不能单纯追求某个自变量(拟改进参数)的最优,而应根据待改进机型目前多个拟改进参数的具体参数值,计算其对应的效益代价灵敏度,选择灵敏度最大的参数进行改进,从而获得效益的最大化。

3. 新机方案设计

设新机的最大可载质量中,有 3500kg 用来减小飞机的 RCS、加载装甲或挂载武器。为了与旧机改型设计相区别,用 σ'、h_d'、m_w' 分别表示雷达散射截面、装甲转换后的等效靶厚度、挂载武器重量,令 σ'、h_d'、m_w' 为优化变量,优化目标为生存力最大,约束条件为单个优化变量产生的增重及三个优化变量产生的总增重

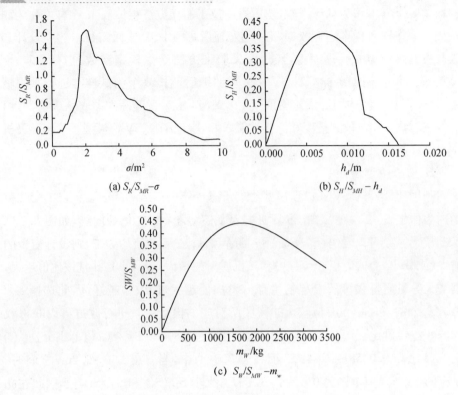

图 8.2　旧机改型中参数灵敏度分析结果

小于 3500kg，可计算得到 3 个优化变量的初始范围为 $0.1 \leqslant \sigma \leqslant 10\text{m}^2$，$0 \leqslant h_d \leqslant 0.02\text{m}$，$0 \leqslant m_w \leqslant 3500\text{kg}$，采用参数灵敏度分析方法（参见式（8.3））确定对优化目标起主要作用的优化变量的变化范围，因此分别作出 S_R 随 σ'、S_H 随 h'_d、S_w 随 m'_w 变化的曲线，如图 8.3 所示。

由图 8.3 可以看出，σ' 在 $0.1 \sim 2\text{m}^2$ 范围内灵敏度较大，h'_d 在 $0.002 \sim 0.012\text{m}$ 范围内灵敏度较大，m'_w 在 $2000 \sim 3500\text{kg}$ 范围内灵敏度较大。为了减小优化变量初始范围，提高优化效率，优化变量的初始范围可选为 $0.1 \leqslant \sigma' \leqslant 2\text{m}^2$、$0.002 \leqslant h'_d \leqslant 0.012\text{m}$、$2000 \leqslant m'_w \leqslant 3500\text{kg}$。关于优化模型的具体建立过程、优化结果以及灵敏度分析对优化效率的影响等内容将在 8.2 节飞机生存力权衡设计中进行详细介绍。

8.2　飞机生存力权衡设计

飞机生存力设计不仅关系到飞机的生存力水平，而且也会对飞机的费用、质

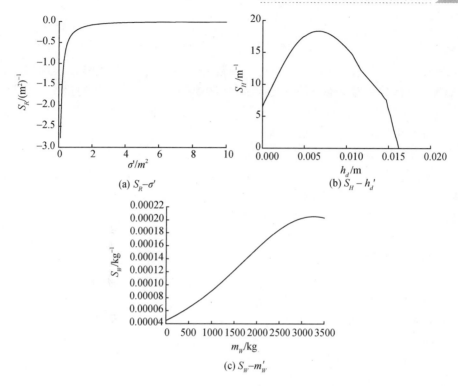

图 8.3　新机方案设计中参数灵敏度分析结果

量等指标产生影响,因此飞机的生存力设计是一个多学科的权衡设计。按照军用飞机作战使用生存力的内涵,将作战能力等因素纳入生存力权衡设计中,可使生存力权衡设计模型更全面。

8.2.1　优化设计理论

在工程技术、科学研究、经济管理和军事应用等领域,存在着大量的优化问题,人们对优化问题进行了深入的研究,并已形成了许多优化理论和优化方法。粒子群优化算法是一种基于群智能的进化计算技术,其优势在于简单、容易实现,同时又有深刻的智能背景,既适合科学研究,又适合工程应用,因此采用粒子群优化算法对飞机生存力进行优化求解。

1. 最优化问题

所谓最优化问题,就是在满足一定的约束条件下,寻找一组参数值,以使某些最优性度量得到满足,即使系统的某些性能指标达到最大或最小。

最优化问题主要包括目标函数、约束函数以及优化变量三部分,可以表示为

$$\min f(X)$$
$$\text{s. t. } X \in S = \{X \mid s_i(X) \leqslant 0, i = 1, \cdots, m\}$$
(8.16)

式中：$f(X)$ 为目标函数；$s_i(X)$ 为约束函数；m 为约束函数的个数；S 为约束域；X 为 n 维优化变量。最大化问题也可以转换为上述公式描述的最小化问题。另外，对于最优化问题的求解，一般的约束或无约束非线性优化方法均是求目标函数在约束域内的近似极值点，而非真正的极值点。

2. 通用粒子群优化算法

粒子群优化（Particle Swarm Optimization，PSO）算法，是一种源于对鸟群捕食行为进行研究的群体智能仿生优化方法。PSO 算法具有算法结构简单、参数少及收敛速度快的特点，因此在飞行器设计、化工系统、生物信息等领域都得到了广泛的应用。PSO 算法通过个体间的合作与竞争从而实现全局搜索的目的，即把系统随机解作为粒子，通过粒子在搜索空间完成寻优过程，在数学公式中体现为迭代次数。PSO 算法没有遗传算法的交叉及变异算子，而只是通过粒子在解空间内追随最优粒子进行搜索。

PSO 算法初始化为一群随机粒子，然后通过迭代找到最优解。在每一次迭代中，粒子通过跟踪两个"极值"来更新：一个是粒子本身所找到的最优解，即个体极值 p_{Best}；另一个是整个群体目前找到的最优解，即群体极值 g_{Best}。目前公认的基本 PSO 算法（也称为全局 PSO 算法）的数学描述如下。

假设在 D 维搜索空间中，有 N 个粒子组成一群体，第 i 个粒子在 D 维空间中的位置表示为 $X_i = (x_{i1}, x_{i2}, \cdots, x_{iD})$；第 i 个粒子经历过的最优位置 p_{Best}（即该位置对应解最优）记为 $P_i = (p_{i1}, p_{i2}, \cdots, p_{iD})$，其中所有 $P_i (i = 1, 2, \cdots, N)$ 中最优个体位置 g_{Best} 记为 P_g；粒子 i 的飞行速度为 $V_i = (v_{i1}, v_{i2}, \cdots, v_{iD})$。每个粒子更新自己的速度和位置，即

$$v_{ij}(t+1) = \omega v_{ij}(t) + c_1 r_1 (p_{ij}(t) - x_{ij}(t)) + c_2 r_2 (p_{gj}(t) - x_{ij}(t)) \quad (8.17)$$

$$x_{ij}(t+1) = x_{ij}(t) + v_{ij}(t+1), j = 1, \cdots, D \quad (8.18)$$

式中：惯性系数 ω 用于控制粒子原有速度对新速度的影响；参数 c_1、c_2 为加速因子（学习因子），分别决定粒子个人历史最优位置和粒子邻居最优位置对新速度的影响；r_1、r_2 为 $[0,1]$ 区间上的任意值。为了防止粒子飞出搜索空间，设定 $|V_i| \leqslant V_{\max}$ 或 $|X_i| \leqslant X_{\max}$，其中 $V_{\max}$ 和 $X_{\max}$ 为允许的最大速度和位置。当达到限定的时刻或每个粒子的运动速度趋于零（即整个粒子群收敛），粒子群停止运动，所得的位置为最终优化结果。

由于基本 PSO 算法存在易于陷入局部最优解的缺陷，Eberhart 和 Kennedy 对其进行了改进，即粒子除跟踪自身历史最优位置外，不再跟踪群体最优位置，

而是跟踪拓扑邻域中所有邻居的最优位置,即

$$v_{ij}(t+1)=\omega v_{ij}(t)+c_1 r_1(p_{ij}(t)-x_{ij}(t))+c_2 r_2(l_{ij}(t)-x_{ij}(t)) \quad (8.19)$$

式中:$L_i=(l_{i1},l_{i2},\cdots,l_{iD})$表示粒子 i 邻居的最佳位置 l_{Best}。因此,式(8.18)、式(8.19)组成了通用粒子群优化算法的更新公式。

粒子群优化算法的一般流程如下。

输入:粒子数 N,优化函数 f;

输出:满意位置、极优值。

Step1:随机初始化粒子群中各粒子的位置 X_i 和速度 V_i。

Step2:初始化邻居拓扑结构。

Step3:按照优化函数评价群中所有粒子 $f(X_i)$,将当前各粒子的位置记为 $P_i=X_i$,将粒子邻居中目标值 $f(P_i)$ 最优的个体位置记为 L_i。

Step4:按照式(8.19)和式(8.18)更新各粒子的速度 V_i 和位置 X_i。

Step5:按照优化函数评价群中所有粒子 $f(X_i)$。

Step6:比较群中每个粒子当前目标值 $f(X_i)$ 与其 P_i 的目标值 $f(P_i)$。若 $f(X_i)$ 更优,则 $P_i=X_i$。

Step7:根据邻居结构,比较所有邻居的 $f(P_i)$,选择 $f(P_i)$ 最优的位置更新 L_i。

Step8:若满足终止条件,输出满意位置 P_g 及其目标值 $f(P_g)$ 并停止算法;否则,转向 Step4。

8.2.2　权衡优化模型

在新机方案设计中,设新机的最大可载质量中,有 $m_{\max}$ 的质量可以用来减缩飞机的 RCS 值、为飞机加载装甲和挂载武器,每项措施都要付出增加飞机质量的代价,研究如何进行 RCS 值、加载装甲和挂载武器三者的权衡设计,在 $m_{\max}$ 一定的条件下实现生存力的最大化。

对上述问题进行优化建模:设飞机的 RCS 值 σ'、装甲质量 m'_{h_d} 以及飞机携带的武器质量 m'_w 为优化变量,优化目标为飞机生存力 P_s 的最大化,约束条件为单个优化变量所带来的增重和三个优化变量带来的总增重不超过 $m_{\max}$。因此,建立考虑飞机作战能力的飞机生存力权衡优化模型为

$$\begin{cases} \max P_S(\sigma',m'_{h_d},m'_W) \\ \mathrm{s.\,t.}\ 0 \leqslant m'_\sigma \leqslant m_{\max} \\ 0 \leqslant m'_{h_d} \leqslant m_{\max} \\ 0 \leqslant m'_W \leqslant m_{\max} \\ 0 \leqslant m'_\sigma + m'_{h_d} + m'_W \leqslant m_{\max} \end{cases} \quad (8.20)$$

式中：m'_σ为减缩飞机的 RCS 值 σ' 所引起的增重。

为了考察作战能力对飞机生存力权衡设计的影响，建立了不考虑作战能力的飞机生存力权衡优化模型，即将式(8.20)所示的优化模型中去掉飞机携带的武器质量 m'_w，得

$$\begin{cases} \max P_S(\sigma', m'_{h_d}) \\ \text{s. t. } 0 \leqslant m'_\sigma \leqslant m_{\max} \\ 0 \leqslant m'_{h_d} \leqslant m_{\max} \\ 0 \leqslant m'_r + m'_{h_d} \leqslant m_{\max} \end{cases} \quad (8.21)$$

优化模型中，设计变量 σ'、m'_{h_d}、m'_w 与飞机生存力和增重的关系参见 8.1.2 节。为了减小优化算法每代的计算时间，采用前文研究的 SVM 代理模型代替实际的飞机生存力计算。

8.2.3 仿真计算及结果分析

仿真计算的已知条件及战场想定与 8.1.5 节相同。

（1）对不考虑飞机作战能力下的飞机生存力优化模型（参见式(8.21)）进行优化，优化过程如图 8.4 所示，优化结果为 $\sigma' = 0.1012\text{m}^2$，$m'_{h_d} = 34.5089\text{m}$，$P_S = 0.8419$。由此可以看出，在不考虑飞机作战能力的情况下，减缩飞机的 RCS 值比加载装甲效益更高，在可承受范围内应使飞机的 RCS 值降到最小。因此，单纯依靠增加装甲质量来提高飞机生存力的方案不可取，这也是将飞机的隐身性能作为新一代军用飞机必须具备的重要指标之一的原因。

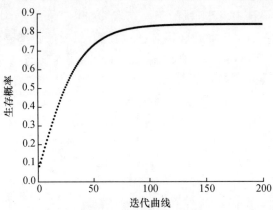

图 8.4 不考虑作战能力的生存力优化过程

（2）对考虑飞机作战能力下的飞机生存力优化模型（参见式(8.20)）进行优化，优化过程如图 8.5 所示，结果为 $\sigma' = 1.4672 \text{ m}^2$，$m'_{h_d} = 73.2491\text{m}$，$m'_w =$

2561.7408kg, $P_S = 0.8869$。由此可知,考虑飞机的作战能力后,飞机生存力的最优值达到 0.8869,比不考虑飞机作战能力时提高了 0.0450。另外,从优化结果还可以看出,提高飞机的生存力是提高飞机隐身性能和作战能力二者的折中,即强调防守的同时追求进攻能力。对于该优化结果对应的优化方案,不仅可以使飞机的生存力得到提高,而且避免了将飞机 RCS 值从 1.4672 降低到 0.1012 所带来的费用、技术、飞机飞行性能等方面的过高代价。

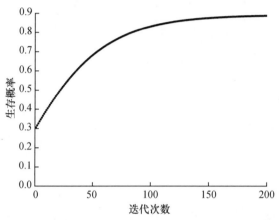

图 8.5　考虑作战能力的生存力优化过程

（3）灵敏度分析对优化模型优化效率的影响。由 8.1.5 节可知,经过灵敏度分析后,优化变量的初始范围选为 $0.1 \leqslant \sigma' \leqslant 2m^2$、$0.002 \leqslant h'_d \leqslant 0.012m$、$2000 \leqslant m'_w \leqslant 3500kg$,则此时优化模型为

$$\begin{cases} \max P_S(\sigma', h'_d, m'_w) \\ \text{s. t. } 0.1 \leqslant \sigma' \leqslant 2m^2 \\ 0.002 \leqslant h'_d \leqslant 0.012m \\ 2000 \leqslant m'_w \leqslant 3500kg \\ 0 \leqslant m'_\sigma \leqslant 3500kg \\ 0 \leqslant m'_{h_d} \leqslant 3500kg \\ 0 \leqslant m'_w \leqslant 3500kg \\ 0 \leqslant m'_\sigma + m'_{h_d} + m'_w \leqslant 3500kg \end{cases} \tag{8.22}$$

对式(8.22)所示的优化模型进行优化,优化结果为 $\sigma' = 1.4669m^2$, $h'_d = 0.0029m$, $m'_w = 2563.6576kg$, $P_S = 0.8913$。为了说明采用参数灵敏度分析对优化算法迭代收敛速度的影响,取优化过程的前 200 代,并与未经过灵敏度分析的原始优化模型的优化过程进行对比,如图 8.6 所示。

从图 8.6 可以看出,两种优化方案最终得到的最优值相近,且经过灵敏度分析后的优化方案,其优化的收敛速度明显快于未经灵敏度分析的方案。因此,在

147

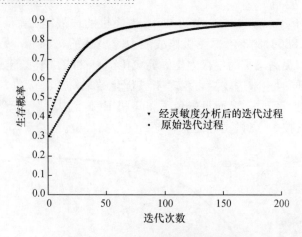

图 8.6　两种优化方案的迭代过程

进行飞机生存力优化设计模型前,采用设计参数灵敏度分析的方法减小设计变量范围,可以实现在不影响优化精度的前提下减少优化时间,提高飞机生存力权衡优化的优化效率。

　　优化结果可理解为针对算例中的战场想定进行新机方案设计或者对算例中的飞机进行改进的方案结果,数值上由于受到前面参数假设值的影响,可能与实际有偏差但不影响问题的分析。

第9章
网络中心战条件下飞机生存力
权衡设计方法

每一个时代的战争形态都反映了其所处时代的政治、经济、科技等各方面的典型特征。信息时代的战争,作战领域多维化、作战力量联合化,作战行动主要体现为体系与体系的对抗,作战形态正由平台中心战向网络中心战转变,现代空战也更加突出地表现为基于网络的体系对抗。因此飞机生存力的研究,有必要从传统的单纯研究单架飞机的生存力,延伸到网络中心战条件下作战体系生存力的研究,为空战作战体系中飞机生存力的分析和设计提供理论和方法指导。

9.1 网络中心战条件下作战体系结构组成

网络中心战条件下的空战体系作战是指利用先进的通信和计算机技术将作战空间上分散部署的传感器单元、指挥控制单元和火力打击单元等作战实体通过"网络"高度集成,形成传感器网络、指挥控制网络和火力打击网络,从而构成一个分层控制、统一高效、具有较强信息互通和共享性的复杂网络系统。其实质是通过战场各个作战单元的网络化,把信息优势转变为作战行动优势,使各分散配置的作战实体共同感知战场态势,协调行动,缩短决策时间,提高打击速度与精度,从而提高体系的生存力,增强体系的作战效能。

网络中心战条件下,空战作战体系结构主要包括传感器单元、指挥控制单元和火力打击单元3类作战单元以及战场空间各个作战单元之间的网络化连接,如图9.1所示。

传感器单元主要用于提供战场原始信息,这些信息是空战体系作战中形成战斗空间感知和知识提取的信息来源与材料基础,主要包括预警飞机、地面雷达网络、天基探测侦察卫星、有人/无人侦察飞机等。

指挥控制单元同时联系着传感器单元和火力打击单元,是二者的神经中枢,对整个作战体系起到关键性作用。其主要功能包含指挥控制、信息综合处理、资源分配决定、战术制定等,主要包括各类指挥中心、预警飞机、地面网络通信基站等。

火力打击单元在战斗空间中主要是创造战斗力的实体,主要包括各类歼击机、轰炸机携带的导弹、炸弹等。

整个空战的作战循环为传感器单元发现目标,而后将目标信息传给指挥控制单元,指挥控制单元对形势进行分析后指挥火力打击单元对目标实施军事行动,各单元利用网络实现信息共享,实时掌握战场态势,从而缩短决策时间,提高打击速度与精度。

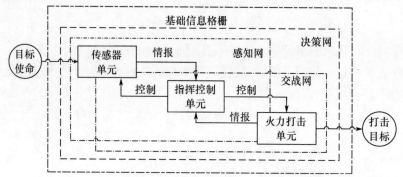

图 9.1　网络中心战条件下空战作战体系结构组成图

9.2　网络中心战对飞机生存力的影响计算

本节主要研究飞机在进行编队作战时,网络中心战和传统平台中心战两种作战模式对飞机生存力的影响,分析网络中心战的优势所在。

假设编队内每架飞机均由传感器子系统、指挥控制子系统和火力打击子系统组成,并且各个同类子系统(如编队所有的传感器子系统)的性能相同,以便简化计算。飞机对目标的打击流程主要是传感器子系统发现目标,而后将目标信息传给指挥控制子系统,指挥控制子系统对形势进行分析后指挥火力打击子系统对目标实施打击。

对于平台中心战,每架飞机不能进行跨平台作战,相互之间不能共享战场信息,即每架飞机上的指挥控制子系统只能根据本飞机的传感器子系统获得的战场信息指挥火力打击子系统进行作战,如图 9.2 所示。而网络中心战完全打破了平台中心战中传感器、指挥控制与火力打击子系统被束缚在一架飞机中的限制,每架飞机可在整个战场空间内共享作战资源,进行跨平台操作,如图 9.3 所示,这必然会增强每架飞机的作战能力,飞机作战能力提高的同时会带来飞机生存力的提高。下面对网络中心战和平台中心战模式下飞机生存力的提高值进行定量计算。

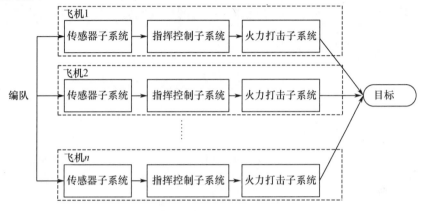

图 9.2　平台中心战飞机内各子系统信息传递

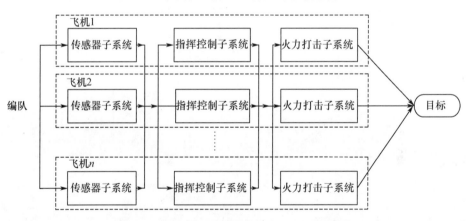

图 9.3　网络中心战飞机内各子系统信息传递

设平台中心战和网络中心战两种作战模式下编队内第 i 架飞机的生存力分别为 $P_{si}^{(1)}$ 和 $P_{si}^{(2)}$,令 $P_{di}(i=1,\cdots,n)$ 为编队内第 i 架飞机传感器子系统的探测能力,n 为编队内飞机的数量。下面研究编队内第 i 架飞机的生存力值。

(1)平台中心战条件下编队内飞机的探测能力。在平台中心战中,由于每架飞机不能进行跨平台作战,因此即使在编队情况下,编队内任意一架飞机的探测能力只与该飞机传感器子系统的探测能力有关,即第 i 架飞机对目标的探测能力 $P_{di}^{(1)} = P_{di}$。

(2) 网络中心战条件下编队内飞机的探测能力。在网络中心战中,编队中各架飞机的每个子系统在信息网络支持下可以实现跨平台作战,则第 i 架飞机对目标的探测能力 $P_{di}^{(2)} = 1 - [(1-P_{d1})(1-P_{d2})\cdots(1-P_{dn})]$。由此可以看出,在网络的支持下,单架飞机的探测能力不仅与自身传感器子系统的探测能力有关,而且与编队内其他飞机的传感器子系统的探测能力以及编队内飞机的数量有关。

飞机的生存力 P_S 为

$$P_S = \frac{1 - P_D P_{H/D} P_{K/H}}{1 - P_d P_{h/d} P_{k/h} P_D P_{H/D} P_{K/H}} \tag{9.1}$$

设每架飞机传感器子系统的探测概率 P_{di} 为 0.7,火力打击子系统对威胁目标的击中概率 $P_{h/d}$ 和杀伤概率 $P_{k/h}$ 分别为 1 和 0.8,威胁系统对飞机的探测概率 P_D、击中概率 $P_{H/D}$ 和杀伤概率 $P_{K/H}$ 分别为 0.8、1 和 0.6,则第 i 架飞机在平台中心战和网络中心战两种作战模式下的生存力值如表 9.1 所列,生存力值变化曲线如图 9.4 所示。

表 9.1 两种情况下编队内第 i 架飞机生存力值

	$P_{si}^{(1)}$	$P_{si}^{(2)}$	提高百分比
$n=1$	0.7112	0.7112	0
$n=2$	0.7112	0.7993	12.40%
$n=3$	0.7112	0.8302	16.74%
$n=4$	0.7112	0.8399	18.10%
$n=5$	0.7112	0.8429	18.52%
$n=6$	0.7112	0.8438	18.65%
⋮	⋮	⋮	⋮
$n=10$	0.7112	0.8442	18.70%

由表 9.1 和图 9.4 可知,平台中心战中即使飞机进行编队作战也不能提高单架飞机的生存力,而在网络中心战条件下,飞机之间可以实现资源共享,这实际上等价于增加了每架飞机的子功能系统,将信息优势转化为作战行动优势,从而有效提高了飞机的作战能力和生存力。

以上算例只是考虑了编队内部飞机之间的资源共享,若飞机在作战中与预警机、雷达网络、探测侦察卫星、指挥中心、通信卫星等作战实体进行全面的网络化连接,实现资源共享,则飞机的生存力会进一步提高。

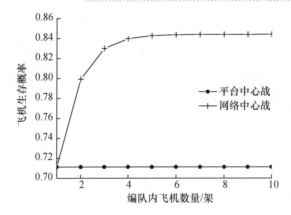

图 9.4　两种情况下编队内第 i 架飞机生存力值变化曲线

9.3　网络中心战条件下飞机生存力权衡设计

在网络中心战条件下,分析飞机作为作战网络中的一个节点时生存力的权衡设计问题,其中主要包含两个子问题:①网络中心战条件下,从提高单架飞机(网络中一个节点)生存力的角度研究飞机生存力的权衡设计方法;②网络中心战条件下,从提高整个作战体系生存力的角度研究飞机生存力的权衡设计方法。

9.3.1　从提高单架飞机生存力的角度

美军在发展无人机项目时,存在飞机武器性能与飞机信息共享能力之间的权衡问题。在网络中心战条件下,提高飞机的武器攻击能力和增强飞机与网络中其他节点的信息共享能力,都可以提高飞机在实际作战中的生存力。因此,通过仿真计算的方法,研究传统生存力增强措施与飞机网络终端设备(提高飞机信息共享能力)之间的权衡设计,旨在为解决网络中心战条件下旧机改型设计和新机方案设计中飞机生存力的权衡设计问题提供一种方法和思路。

1. 旧机改型设计

设有 N 架飞机(节点)参与网络中心战,每架飞机均由传感器子系统、指挥控制子系统和火力打击子系统组成,并且各个同类子系统(如传感器子系统)的性能相同。为了便于说明问题,将飞机对目标的击中概率 $P_{h/d}$ 和杀伤概率 $P_{k/h}$ 合并为机载武器的攻击性能 P_{kss},则式(9.1)转化为

$$P_S = \frac{1 - P_D P_{H/D} P_{K/H}}{1 - P_d P_{kss} P_D P_{H/D} P_{K/H}} \tag{9.2}$$

设增加飞机的网络终端设备可以增强飞机与网络中其他节点在探测信息和

火力打击信息方面的资源共享,则若飞机可以与 n 个节点进行信息交流,飞机对目标的探测能力和杀伤能力分别为

$$\begin{cases} P'_d(n) = 1 - \left[(1-P_{d1})(1-P_{d2})\cdots(1-P_{dn}) \right] \\ P'_{kss}(n, P_{kss}) = 1 - \left[(1-P_{kss1})(1-P_{kss2})\cdots(1-P_{kssn}) \right] \end{cases} \tag{9.3}$$

考虑飞机与其他节点的信息交流后,式(9.2)转化为

$$P_s = \frac{1 - P_D P_{H/D} P_{K/H}}{1 - P'_d(n) P'_{kss}(n, P_{kss}) P_D P_{H/D} P_{K/H}} \tag{9.4}$$

由式(9.3)和式(9.4)可知,提高飞机的武器攻击性能 P_{kss} 和增强飞机与网络中其他节点的信息交流(增大 n)都可以提高飞机的生存力。

设每架飞机传感器子系统的探测概率 P_d 为 0.7,威胁系统对飞机的探测概率 P_D、击中概率 $P_{H/D}$ 和杀伤概率 $P_{K/H}$ 分别为 0.8、1 和 0.8,则飞机在与 n 个其他节点信息共享和不同武器性能 P_{kss} 下飞机的生存力值如表 9.2 所列,生存力变化曲线如图 9.5 所示。

表 9.2 不同设计情况时飞机的生存力值

P_{kss} / n	0.1	0.2	0.3	0.4	0.5	0.6	0.7	0.8	0.9
0	0.37688	0.39543	0.4159	0.4386	0.46392	0.49234	0.52448	0.5611	0.60322
1	0.40479	0.4555	0.51211	0.57392	0.6392	0.7048	0.76593	0.81652	0.85021
2	0.43309	0.51716	0.60927	0.70342	0.791	0.86303	0.91349	0.94176	0.95263
3	0.46054	0.57581	0.69551	0.80455	0.8892	0.9438	0.97212	0.98307	0.98563
4	0.48744	0.63074	0.76782	0.87548	0.94363	0.97801	0.99144	0.99514	0.99568
5	0.51404	0.68167	0.82624	0.92236	0.97177	0.9915	0.99742	0.99859	0.9987
6	0.54039	0.72826	0.87202	0.95225	0.98593	0.99671	0.99922	0.99959	0.99961
7	0.56646	0.7702	0.90695	0.9709	0.99299	0.99872	0.99977	0.99988	0.99988
8	0.59215	0.80734	0.93303	0.98237	0.99651	0.9995	0.99993	0.99996	0.99997
9	0.61733	0.8397	0.95217	0.98935	0.99826	0.9998	0.99998	0.99999	0.99999
10	0.64189	0.86752	0.96604	0.99359	0.99913	0.99992	0.99999	0.99999	0.99999
⋮	⋮	⋮	⋮	⋮	⋮	⋮	⋮	⋮	⋮

由图 9.5 可以看出,飞机生存力随飞机与可信息共享的其他节点数量 n 和武器攻击性能 P_{kss} 呈非线性变化,并且飞机生存力的增加值大小与飞机当前的信息共享能力(与其相联系的其他节点数量)及武器攻击性能水平有关,并不是某一种改进措施在任何条件下都优于另一种改进措施。为了进一步说明该问题,作出飞机生存力随飞机与可信息共享的其他节点数量 n 和武器攻击性能

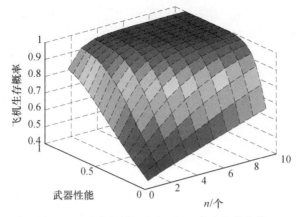

图 9.5　不同设计情况时飞机生存力变化曲线

P_{kss}变化的二维曲线图,如图 9.6 所示。由图 9.6 可以看出,飞机生存力随武器性能的提高先较快速增加后逐渐趋于平缓。当 $P_{kss}=0.1$ 时,增强武器性能的方案比提高飞机信息共享能力可以获得更大的飞机生存力提高值;而当 $P_{kss}=0.8$ 时,提高飞机信息共享能力的方案效益更好。因此,在网络中心战条件下,飞机生存力的改进方案应根据飞机面临的战场环境以及飞机自身当前的相关指标水平等因素而定,做到具体问题具体分析,不能笼统认为某种改进方案在任何条件下一定优于另一种改进方案。

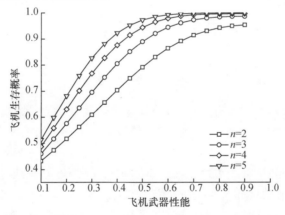

图 9.6　不同设计情况时飞机生存力变化二维图

2. 新机方案设计

对于网络中心战条件下的新机方案设计,由于各个待设计参数的取值不确定,因此可以对每个待设计参数取一个较大的取值范围,采用建立优化模型的方法来对新机进行生存力权衡设计,以寻求最优的设计方案。

仿真初始条件与旧机改型设计相同,增加飞机的信息共享能力以及提高武器性能可以提高飞机的生存力,但要付出费用、增重等代价。设飞机与可信息共享的其他节点数量 n 和武器性能 P_{kss} 为优化变量,则根据式(9.3)、式(9.4)建立优化模型,即

$$\max P_S = \frac{1 - P_D P_{H/D} P_{K/H}}{1 - P_d'(n) P_k'(n, P_{kss}) P_D P_{H/D} P_{K/H}}$$

$$\text{s. t.} \begin{cases} \text{Mon}_{\text{网}}(n) \leqslant \text{Mon}_{\max} \\ \text{Mon}_{\text{武}}(P_{kss}) \leqslant \text{Mon}_{\max} \\ m_{\text{网}}(n) \leqslant m_{\max} \\ m_{\text{武}}(P_{kss}) \leqslant m_{\max} \\ \text{Mon}_{\text{网}}(n) + \text{Mon}_{\text{武}}(P_{kss}) \leqslant \text{Mon}_{\max} \\ m_{\text{网}}(n) + m_{\text{武}}(P_{kss}) \leqslant m_{\max} \end{cases} \tag{9.5}$$

式中:$\text{Mon}_{\text{网}}(n)$、$m_{\text{网}}(n)$ 分别为飞机的网络终端设备设计所付出的费用、增重;$\text{Mon}_{\text{武}}(P_{kss})$、$m_{\text{武}}(P_{kss})$ 分别为武器性能设计所付出的费用、增重;$\text{Mon}_{\max}$、$m_{\max}$ 分别为飞机的费用、增重要求。$\text{Mon}_{\text{网}}(n)$、$m_{\text{网}}(n)$、$\text{Mon}_{\text{武}}(P_{kss})$、$m_{\text{武}}(P_{kss})$ 4 个函数可以通过到部队调研或者采用费用预测、质量计算等手段求出。因此,对式(9.5)所示的优化模型采用粒子群等优化算法即可求解出飞机生存力设计的最优方案。

根据实际情况可以进一步扩展式(9.5)所示的优化模型,如增加飞机的飞行性能、战伤抢修性等约束条件,在优化变量中增加飞机的雷达散射面积等隐身设计、电子对抗设备、装甲等参数,使建立的权衡优化模型可以考虑更多的因素,从而使得出的方案更能被军方所接受。

9.3.2　从提高作战体系生存力的角度

随着信息技术的发展,体系作战已成为现代战争的主要作战模式。因此,有必要从单架飞机生存力的角度延伸到以作战体系生存力的角度来研究飞机生存力的设计和改进方法。

本节根据飞机生存力的概念提出网络中心战条件下作战体系生存力的概念,并通过建立作战体系生存力评估指标体系和作战体系的网络模型提出作战体系生存力的度量方法,进而从作战体系生存力的角度分析飞机生存力的设计和改进方法,旨在解决两个问题:①体系生存力的概念及其度量方法;②如何从作战体系生存力的角度分析飞机生存力的设计和改进方法。

1. 作战体系生存力概念的提出

体系作战是现代空战的主要作战模式,因此有必要延伸飞机生存力的概念,提出作战体系生存力的概念。

体系即"系统的系统"（System of Systems），是指那些具有统一使命任务，能够得到新的涌现性质，并由相互关联或者连接的独立系统组成的系统集合，即由独立系统组成的更大的复杂系统。从本质上看，体系也可以看成是"网络的网络"。因此，基于信息系统的空战作战体系定义为：空军按照一定的作战目的，利用若干相互联系、相互作用的综合电子信息系统，将不同作战实体、单元、要素和系统综合集成为具有一定结构形式的有机整体。因此，作战体系是一个以感知、指控、作战实体为节点，以各实体间的信息、物质、能量交互为连边而形成的庞大的复杂网络。

飞机生存力是指飞机躲避或承受敌方威胁而没有削弱完成指定任务的能力，即飞机不被击中或击中后能通过战伤抢修等措施继续执行战斗任务的能力，与敏感性、易损性、战伤抢修性、作战能力有关，如图 9.7(a) 所示。参照飞机生存力定义，给出作战体系生存力概念。作战体系生存力是指在网络中心战条件下，武器装备体系经过对抗后能继续执行战斗任务的能力，即体系不被威胁杀伤、杀伤后能通过体系重组迅速恢复战斗力的能力，如图 9.7(b) 所示，它与作战体系网络中节点生存力、体系重组能力和体系作战能力有关。

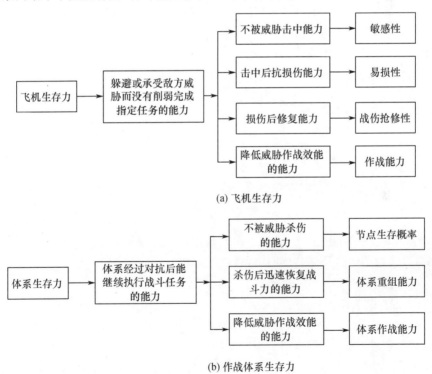

(a) 飞机生存力

(b) 作战体系生存力

图 9.7　飞机生存力与作战体系生存力概念关系图

2. 作战体系生存力的度量

作战体系生存力可以用生存概率来表示（由实弹试验或模拟仿真得到体系在特定威胁环境下的生存概率），也可以采用评估指标体系来衡量（根据体系生存力评估指标的改变量来确定体系生存力的变化）。由于对体系生存力进行综合评估，可以分析影响因素的变化对体系生存力的影响，找到提高体系生存力的合理途径，为飞机生存力设计和改进提供参考。

1）评估指标体系的建立

作战体系生存力的影响因素主要包括体系中节点的生存力、体系的作战能力以及体系的重组能力。

（1）节点生存力。节点的生存力主要与节点的敏感性、易损性、战伤抢修性以及作战能力有关，为了便于研究，设定所有节点的生存力相等。

（2）体系作战能力。现代作战循环理论认为整个作战的基本流程是一个观察、定位、决策、行动（OODA）的循环过程。作战环是指把作战过程抽象成一个传感器单元发现目标，而后将目标信息传给指挥控制单元，指挥控制单元对形势进行分析后指挥火力打击单元对目标实施军事行动的环路。如图 9.8 所示，作战中双方的每次攻击都对应一个作战环，因此一个作战网络中一方所能形成的作战环数量能反映该方的作战能力。另外，在每一次作战循环中，节点的作战效能 E_t 必然对体系的作战能力产生影响。

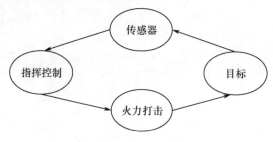

图 9.8 作战环

（3）体系重组能力。体系重组能力是指作战体系被攻击后，通过调配作战资源，产生新的作战环路，重新构成作战网络进行作战的能力。

2）基于复杂网络的作战体系重组能力计算

关于作战体系重组能力的值，需要采用一定的作战系统分析方法来进行确定。复杂网络理论作为一门新兴的交叉学科，将复杂性与网络化有机结合起来，通过数理统计、动力演化和仿真模拟等途径来挖掘复杂大系统中的本质特征，这已在很多军事领域中取得了成功应用。本节基于复杂网络理论，对作战体系的重组能力进行建模与分析。

（1）复杂网络的基本理论。

自然界中存在的大量复杂系统都可以通过网络加以描述。许多实际的网络具有既不同于规则网络，也不同于随机网络所共有的拓扑统计性质，如"小世界特性"、"无标度特性"，即"复杂位于规则和随机之间"，因此人们把这些实际网络称为"复杂网络"。以下是一些复杂网络的基本术语。

节点：节点是指组成某个网络的个体，其涵义非常广泛。节点的具体指代由所研究的网络决定，它可以是人、企业、动物、国家、计算机、Web、机场、飞机、公交站点等。对于作战网络，节点代表战场空间中的各个作战实体，如预警机、指挥中心、战斗机、侦查卫星、雷达、导弹等。

边：边是指网络中个体之间的联系，其涵义也十分广泛，如预警机与战斗机之间的指挥控制信息交流、探测卫星与指挥中心之间的探测信息交流等。

网络：网络是指节点集合与连接这些节点的边的集合，可形式化表示为：存在一个节点集合 $V = \{1, 2, 3, \cdots, n\}$，对于集合 V 中的任意两个节点 a 和 b，若 a 和 b 之间存在连边，则有 $e_{ab} = 1$，否则 $e_{ab} = 0$。那么连边集合可表示为 $E = \{e_{ab} \mid a \in V, b \in V, e_{ab} \neq 0\}$。这样节点集合和连边集合就组成了一个网络 $F = (V, E)$。

（2）作战体系网络模型构建。

① 作战体系的网络化抽象。

在图论中，网络是由节点集 V 和边集 E 组成的图 $F = (V, E)$，E 中每条边都有 V 中一对点与之相对应，网络模型的构建最终归结为节点和边的生成和演化规则。把各个作战实体看作节点，节点之间的相互作用看作边，即不论两个节点间的联系强弱、特点如何，只要它们之间存在联系，就认为这两个节点之间有边，这样作战体系就抽象为一张有 N 个节点和 M 条边的无权、无向、稀疏连通图，并定义这样构建出的二维网络图为作战体系的网络拓扑模型。

② 模型构建原理分析。

目前基于复杂网络理论建立网络模型的方法主要有基于 WS 小世界网络和 BA 无标度网络的构建方法，这些方法具有复杂网络演化方式的一般性，但作战体系网络具有不同于其他现有网络的特点。例如，节点种类不同，作战体系网络一般包括传感器、指挥控制、火力打击三类节点，并且该三类节点的连接机制有很多要求，如：传感器节点和火力打击节点一定是叶节点；节点间连接方式为择优连接和随机连接并存；随着战争不断发展，不断有新的作战节点加入等；作战网络要符合真实网络的普遍规律（如小世界、无标度、高聚类系数、幂率分布等）。因此，应在现有模型构建方法的基础上，根据网络中心战条件下作战体系的特点研究相应的网络模型构建方法。

一是节点的种类和数量设置。作战体系节点种类繁多，类型各异，因此按照节点的作用和功能从宏观上将节点划分为传感器节点、指挥控制节点和火力打击节点 3 类。首先,随着战争的发展,不断有新的作战节点加入,即网络是不断生长的,可用节点和边的增加来体现作战网络的生长。其中,传感器节点和火力打击节点的数量多于指挥控制节点,但指挥控制节点连接边的数量(与其他节点的信息交流)应多于其他两类节点,故采用概率 $P_z(P_z<0.5)$ 来决定新加入的节点是指挥控制节点还是其他两类节点,并且指挥控制节点所带的边数 Nz 大于传感器节点和火力打击节点所带的边 N_{yx} 和 N_{yh}。

二是节点间连接的原则和假设。指挥控制节点可以实现指挥控制节点间的组织协同,并且可以与传感器节点和火力打击节点实现信息交流,不同的传感器节点之间可以实现探测信息的共享,不同的火力打击节点之间可以实现火力打击信息的共享。由此可得作战网络的抽象表示如图 9.9 所示。

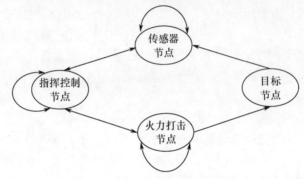

图 9.9　作战网络的抽象表示

三是节点间连接方法的具体化。假设初始网络中没有孤立的节点,即开始时刻所有节点均处于控制之中。

对于指挥控制节点,其具有纵向指挥和全局性的特点,同时由于作战形势的多变性,该类节点还存在一定的动态随机指挥,因此指挥控制节点的连接方式主要为在整个网络范围内的择优连接,同时存在小概率的随机连接,用概率 P_{z1} 决定指挥控制节点是择优连接还是随机连接。其中,择优连接是指新加入的节点选择与网络中现有节点中度数(某节点的度定义为与该节点连接的同一网络中其他节点的数目)最大的节点进行连接,随机连接是指新加入的节点随机选择与网络中现有的某个节点进行连接。

对于传感器节点和火力打击节点,应首先与指挥控制节点相连,实现探测信息或火力打击信息与指挥控制节点间的传递;其次与若干个自身同类型的节点相连,实现探测信息的共享或火力打击信息的共享。由于体系作战中网络被划分为执行不同任务的多个作战单元,各单元内部的节点连接概率要比与其他单元内节点连接的概率大,即连接具有局域世界特性,但是也存在跨作战单元连接的可能性,即节点具有局域世界之外的远程连接,因此用概率 P_{yn} 决定节点是局域内连接还是局域外连接,其中在局域内或局域外与其他节点的连接方式,为了体现战争存在一定的随机性,采用择优连接和随机连接相结合的方式。

③ 模型构建算法。

将指挥控制节点称为重要节点,传感器节点和火力打击节点统称为一般节点,基于上节模型的构建原理,建立如下的网络模型构建算法。

a. 设节点总数为 N,初始网络由少量的全互连节点组成(N_0 个),然后在每个时间间隔 t 加入 1 个新节点,当 $N_0+t \geqslant N$ 时,程序结束;

b. 以概率 P_z 加入重要节点,且该节点带 $N_z(N_z < N_0)$ 条边与已存在节点连接(该新加入的节点与 N_z 个节点连通),连接方式为:以概率 P_{z1} 与节点进行择优连接,以概率 $1-P_{z1}$ 与节点进行随机连接;

c. 以概率 $P_y = 1-P_z$ 加入一般节点,且以概率 P_{yc} 和 $1-P_{yc}$ 将一般节点划分为传感器节点和火力打击节点,两类节点分别带 N_{yc} 和 $N_{yh}(N_{yc} < N_z, N_{yh} < N_z)$ 条边与已存在的节点连接。

ⓐ 首先与 1 个重要节点 o 进行择优连接,然后计算 o 点到其他节点的距离 d(两个节点之间的距离 d 定义为连接这两个节点的最短路径上的边数);

ⓔ 以概率 P_{yn} 在 $d < 3$ 的局域内与节点进行连接,连接方式为混合连接,即以概率 P_{yn1} 进行择优连接,以概率 $1-P_{yn1}$ 进行随机连接;

ⓒ 以概率 $P_{yw} = 1-P_{yn}$ 在 $d \geqslant 3$ 的局域外与节点进行连接,连接方式仍然为混合连接,即以概率 P_{yw1} 进行择优连接,以概率 $1-P_{yw1}$ 进行随机连接。

④ 模型生成。

基于 Ucinet6.0 软件来分析作战体系的网络模型拓扑性质,由于该软件处理数据的形式为矩阵,因此将网络用一个矩阵来表示。设 N 为全部节点的总数,则作战网络模型可以用一个 $N \times N$ 的矩阵 $\boldsymbol{M}$ 来描述,矩阵中各元素 M_{ij} 的值为 0 或 1,其中 0 代表两节点无直接连接边,1 代表两节点有直接连接边,并且不考虑节点与自身连接的情况,即矩阵对角线上的元素值均为 0。在 Matlab 中编程实现提出的模型构建算法,生成矩阵 $\boldsymbol{M}$,将此矩阵导入到 Ucinet6.0 软件中,即可进行作战体系网络的重组能力等相关指标的计算。

(3) 作战体系重组能力的计算。

根据复杂网络的性质,用以下 3 个参数来度量体系的重组能力。

①聚类系数。节点 i 的聚类系数 C_i 定义为与该节点连接的 g_i 个节点之间实际存在的边数和总的可能边数之间的比值,其一般表达式为

$$C_i = \frac{2B_i}{g_i(g_i-1)} \tag{9.6}$$

式中：B_i 是实际存在的边数。整个网络的聚类系数 C 为所有节点聚类系数的平均值，即

$$C = \frac{1}{N}\sum_{i=1}^{N}C_i \tag{9.7}$$

网络的聚类系数用来描述网络节点的邻接节点之间互为邻接节点的比例，是衡量网络中节点之间连接紧密程度的一个重要参数。例如，作战网络在遭受敌方的打击时使一些节点之间失去了直接联系，而在聚类系数较高的作战网络中这些节点可通过与其他节点的连接而间接取得联系，从而有效完成网络重建。

②网络的最大连通度。网络的最大连通度 G 可表示为

$$G = \frac{N'}{N} \tag{9.8}$$

式中：N' 为作战网络被攻击后网络最大连通集团中的节点总数。G 值越大，则网络的连通性越好，重组能力越强。在作战网络未被攻击时，网络最大连通度 $G=1$，即初始网络是一个全连通无向图，随着网络中的节点受到攻击，最大连通度的大小会逐渐变小。

③网络效率 η_E。网络中两个节点 i 和 j 之间的距离 d_{ij} 定义为这两个节点的最短路径上的边数。网络的平均路径长度定义为网络中任意两个节点对之间的距离的平均值，即

$$CPL = \frac{1}{N(N-1)}\sum_{i\neq j}d_{ij} \tag{9.9}$$

对于作战网络，平均路径长度越大，说明网络层次越多，网络中信息的流动、共享和同步将会越困难。由于当节点 i 与节点 j 之间不存在连接时，d_{ij} 的值为 ∞，因此为了便于比较网络在不同情况下的重组能力，V. Latora 等提出利用网络效率 η_E 来表征作战体系网络的重组能力。网络效率 η_E 是指网络中任意两节点对之间最短距离倒数之和的平均值，其表达式为

$$\eta_E = \frac{1}{N(N-1)}\sum_{i\neq j}\frac{1}{d_{ij}} \tag{9.10}$$

如果 i 和 j 之间不存在路径，则 d_{ij} 为 ∞，$\frac{1}{d_{ij}}=0$，显然 $\eta_E\in[0,1]$。

综上，建立作战体系生存力评估指标体系，如图 9.10 所示。

3）评估指标的规范化和聚合

（1）评估指标的规范化。对作战体系生存力评估前，要对各评估指标进行规范化处理，即类型的一致化和数值的无量纲化处理。由上述分析可知，体系生

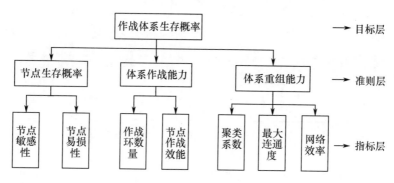

图 9.10　作战体系生存力评估指标体系

存力的各指标均为效益型指标,因此,在评估前只需按式(9.11)对评估指标进行无量纲处理,即

$$x'_{ij} = \frac{x_{ij} - x_{\text{min}j}}{x_{\text{max}j} - x_{\text{min}j}}, i \in n \tag{9.11}$$

式中:x_{ij} 和 x'_{ij} 分别为无量纲处理前后第 i 个被评估对象的第 j 个指标值;$x_{\text{max}j}$ 和 $x_{\text{min}j}$ 分别为所有评估对象中第 j 个指标值的最大值和最小值;n 为被评估对象的数量。

(2) 评估指标的聚合。采用权重系数法对作战体系生存力进行评估,即

$$y_i = \omega_1 x'_{i1} + \omega_2 x'_{i2} + \cdots + \omega_m x'_{im} \tag{9.12}$$

式中:y_i 为第 i 个被评估对象的评估值;x'_{ij}、$\omega_j (j=1,2,\cdots,m)$ 分别为第 i 个被评估对象的第 j 个指标值和指标权重。

4) 评估指标权重的确定

为了增强权重确定的准确性,采用区间层次分析法的主观定权法和信息熵客观定权法相结合的方法来确定作战体系生存力各评估指标的权重。主观权重与客观权重相结合的方式,仍采用组合赋权法,即 $\widetilde{\omega} = \lambda \widetilde{\omega}_{cz} + (1-\lambda)\omega_S$,其中:$\widetilde{\omega}$ 为组合后的权重;$\widetilde{\omega}_{cz}$ 和 ω_S 分别为主观权重和客观权重;λ 为权衡系数。

3. 飞机生存力权衡设计方法计算

1) 相关的已知和假设条件

(1) 设计方案的效益/代价衡量标准。

飞机生存力设计方案对作战体系生存力的影响可以根据评估指标的改变量来确定。假设有 n 种飞机生存力设计方案,第 i 种设计方案 T_i 对作战体系第 j 个评估指标 e_j 的改变量为 x_{ij},则飞机生存力设计方案对作战体系生存力各指标的影响如表 9.3 所列。

表 9.3　飞机生存力设计方案对体系生存力各指标的影响

	e_1	e_2	$\cdots$	e_m
1	x_{11}	x_{12}	$\cdots$	x_{1m}
T_2	x_{21}	x_{22}	$\cdots$	x_{2m}
$\vdots$	$\vdots$	$\vdots$	$\vdots$	$\vdots$
T_n	x_{n1}	x_{n2}	$\cdots$	x_{nm}

根据表 9.3 及式(9.12)可得出采用第 i 种设计方案 T_i 时体系生存力的值 PS_i。同时,设该项设计方案对应的费用为 Q_i,即 Q_i＝单个节点费用 q_i×节点总数 N,则根据"单位费用获得的效益"的原则,标准化后采用第 i 种设计方案单位费用获得的作战体系生存力 PQ_i(即效益)为

$$PQ_i = \frac{PS_i'}{Q_i'} = \frac{(PS_i - PS_0)/(PS_{max} - PS_0)}{(Q_i - Q_0)/(Q_{max} - Q_0)}, i \in n \tag{9.13}$$

式中:PS_i' 和 Q_i' 分别为标准化后采用第 i 种设计方案时体系生存力的值和费用;PS_{max} 和 Q_{max} 分别为所有评估方案中体系生存力和费用的最大值;PS_0 和 Q_0 分别为原始方案的体系生存力和费用,其标准化后的效益 PQ_0 设为 0。若 $PQ_i > PQ_j$,则第 i 种设计方案比第 j 种设计方案获得的效益大,即方案 i 优于方案 j。

(2) 实验设计方案。

为了探索在敌方不同的攻击方式下飞机生存力最优设计方案,对仿真实验进行如下设计:①将设计方案分为减缩飞机敏感性和易损性(提高体系中节点的生存力)和增强飞机的信息共享能力(增加节点间连接边)两大类,分析两类设计方案对体系生存力及综合权衡值的影响;②改变敌方的攻击方式,分析不同攻击方式下飞机生存力的最优设计方案,其中敌方的攻击方式主要包括蓄意攻击、随机攻击和只攻击作战体系中某一类节点三种。

(3) 实验初始参数假设。

设网络中心战中有 100 个节点参与作战,节点中包含指挥控制单元、传感器单元和火力打击单元,设 $N = 100$,$N_0 = 10$,$P_z = 0.1$,$N_z = 5$,$P_{z1} = 0.7$,$P_{yc} = 0.5$,$N_{yc} = 2$,$N_{yh} = 1$,$P_{yn} = 0.7$,$P_{yn1} = 0.7$,$P_{yw1} = 0.7$(各参数代表的实际意义参见本章第 6.3.2 节作战体系网络模型构建),敌方威胁可发射 50 枚制导导弹对体系进行攻击。飞机生存力原始方案 T_0 中体系所有节点在敌方单枚导弹打击下的生存力 P_s 均为 0.5,每个节点作战效能 $E_t = 0.6$。将体系中节点生存力 P_s 增大到 0.6、0.7、0.8、0.9,分别在节点生存力 P_s 为 0.5 和 0.8 时为体系中各节点增加 2 条边、4 条边、6 条边,共 11 种飞机生存力设计方案,每种设计方案所付出的费用代价不同,如表 9.6 所列。分析飞机生存力设计方案的选取使作战体

系生存力效益/代价最大。

2) 权衡设计方法计算及分析

根据加入重要节点、传感器节点和火力打击节点的概率,可得作战网络中包含 18 个指挥控制节点,43 个传感器节点和 39 个火力打击节点。基于 Uci-net6.0 软件构造作战体系的网络拓扑模型,如图 9.11 所示,其中"■"、"●"、"▲"分别代表指挥控制节点、传感器节点、火力打击节点。

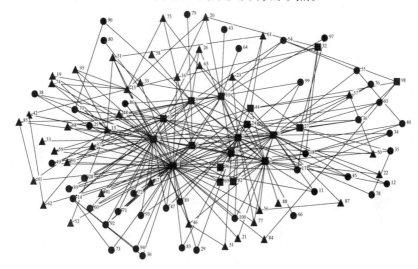

图 9.11　网络中心战下作战体系网络拓扑模型

由节点在单枚导弹打击下的生存力 P_s 可得节点被敌方 n 枚导弹打击后的杀伤概率 $P_K^{(n)}$ 可表示为

$$P_K^{(n)} = 1 - (P_s)^n \tag{9.14}$$

进而可得不同生存力的节点被不同数量的导弹打击后的杀伤概率,如表 9.4 所列。

表 9.4　不同生存力的节点被导弹攻击后的杀伤概率随导弹个数的变化

节点生存力	1	2	3	4	5	6	7	8	…	14	…	29
0.5	0.5	0.75	0.875	0.9375	0.9688	0.9844	0.9922	0.9961	…	0.9999	…	0.9999
0.6	0.4	0.64	0.784	0.8704	0.9222	0.9534	0.972	0.9832	…	0.9992	…	0.9999
0.7	0.3	0.51	0.657	0.7599	0.8319	0.8824	0.9177	0.9424	…	0.9932	…	0.9999
0.8	0.2	0.36	0.488	0.5904	0.6723	0.7379	0.7903	0.8322	…	0.956	…	0.9985

0.9	0.1	0.19	0.271	0.3439	0.4095	0.4686	0.5217	0.5695	...	0.7712	...	0.9529

设定当导弹对节点的杀伤概率达到95%以上时节点被摧毁,由此可得不同生存力的节点被摧毁所需的攻击导弹个数以及敌方50枚导弹可摧毁的体系中节点的个数,结果如表9.5所列。在仿真计算中,某个节点被摧毁则在网络模型中移除该节点,进而基于Ucinet6.0软件计算聚类系数、最大连通度、网络效率等相关作战网络重组能力指标的变化情况。

表9.5 节点生存力对敌方导弹杀伤效能的影响

节点生存力	0.5	0.6	0.7	0.8	0.9
节点被摧毁所需的导弹个数	5	6	9	14	29
敌方50枚导弹可摧毁的节点个数	10	8	5	3	1

(1) 蓄意攻击。

当敌方具有信息优势时,则采用蓄意攻击,即:首先攻击作战网络中重要性最高的节点(选用节点度最高的节点),然后攻击次重要节点,以此持续进行。经计算,得到敌方50枚导弹攻击下11种飞机生存力设计方案对各指标的影响如表9.6所列。

表9.6 蓄意攻击下各飞机生存力设计方案对体系生存力各指标的影响

方案		节点生存力	作战环数量	武器攻击效能	聚类系数	最大连通度	网络效率	单个节点费用 q_i/万元
原方案	T_0	0.5	46	0.6	0.015	0.62	0.1095	q_0
增大节点生存力	T_1	0.6	55	0.6	0.02	0.76	0.1792	q_1
	T_2	0.7	156	0.6	0.084	0.87	0.2783	q_2
	T_3	0.8	276	0.6	0.156	0.95	0.3603	q_3
	T_4	0.9	584	0.6	0.327	0.99	0.4341	q_4
加2条边	T_5	0.5	80	0.6	0.113	0.79	0.2054	q_5
加4条边	T_6	0.5	103	0.6	0.182	0.82	0.2689	q_6
加6条边	T_7	0.5	196	0.6	0.214	0.83	0.2918	q_7
加2条边	T_8	0.8	637	0.6	0.351	0.97	0.4415	q_8
加4条边	T_9	0.8	1255	0.6	0.377	0.97	0.4838	q_9

加 6 条边	T_{10}	0.8	1806	0.6	0.391	0.97	0.4936	q_{10}

对表 9.6 进行规范化处理,如表 9.7 所列。

表 9.7　蓄意攻击下各飞机生存力设计方案对
体系生存力各指标影响的规范化处理结果

方案		节点生存力	作战环数量	武器攻击效能	聚类系数	最大连通度	网络效率	单个节点费用 q_i/万元
原方案	T_0	0	0	0.6	0	0	0	q_0
增大节点生存力	T_1	0.25	0.0051	0.6	0.0133	0.3784	0.1815	q_1
	T_2	0.5	0.0625	0.6	0.1835	0.6757	0.4395	q_2
	T_3	0.75	0.1307	0.6	0.375	0.8919	0.653	q_3
	T_4	1	0.3057	0.6	0.8298	1	0.8451	q_4
加 2 条边	T_5	0	0.0193	0.6	0.2606	0.4595	0.2497	q_5
加 4 条边	T_6	0	0.0324	0.6	0.4441	0.5405	0.415	q_6
加 6 条边	T_7	0	0.0852	0.6	0.5293	0.5676	0.4746	q_7
加 2 条边	T_8	0.75	0.3358	0.6	0.8936	0.9459	0.8644	q_8
加 4 条边	T_9	0.75	0.6869	0.6	0.9628	0.9459	0.9745	q_9
加 6 条边	T_{10}	0.75	1	0.6	1	0.9459	1	q_{10}

通过征求专家意见,得到体系生存力、体系作战能力、体系重组能力各指标的区间数判断矩阵,如表 9.8、表 9.9 和表 9.10 所列。

表 9.8　体系生存力各指标的区间数判断矩阵

体系生存力	节点生存力	体系作战能力	体系重组能力
节点生存力	[1,1]	[3,4]	[2,3]
体系作战能力	[1/4,1/3]	[1,1]	[1/3,1/2]
体系重组能力	[1/3,1/2]	[2,3]	[1,1]

表 9.9　体系作战能力各指标的区间数判断矩阵

体系作战能力	作战环	武器攻击效能
作战环	[1,1]	[2,3]
武器攻击效能	[1/3,1/2]	[1,1]

表 9.10　体系重组能力各指标的区间数判断矩阵

体系重组能力	聚类系数	最大连通度	网络效率

聚类系数	[1,1]	[2,3]	[2,3]
最大连通度	[1/3,1/2]	[1,1]	[1,1]
网络效率	[1/3,1/2]	[1,1]	[1,1]

① 准则层评估值。

求准则层,即体系作战能力和体系重组能力的评估值。对表9.7所列的11种方案采用区间层次分析法和信息熵法进行定权,权衡系数 λ 取0.6,得到体系作战能力下各指标的区间数权重分别为 $\tilde{\omega}_{21}=[0.8069,0.8423]$,$\tilde{\omega}_{22}=[0.1676,0.1822]$;体系重组能力下各指标的区间数权重分别为 $\tilde{\omega}_{31}=[0.4920,0.5450]$,$\tilde{\omega}_{32}=[0.2185,0.2221]$,$\tilde{\omega}_{33}=[0.2587,0.2622]$。利用权重系数法,得到11种设计方案的体系作战能力和体系重组能力的区间型评估值,然后去模糊化,分别取其评估区间值的中间值,得到11种设计方案的体系作战能力和体系重组能力确定数评估值,如表9.11和表9.12所列。

表9.11　体系作战能力评估值

方案	T_0	T_1	T_2	T_3	T_4	T_5	T_6	T_7	T_8	T_9	T_{10}
体系作战能力	0.1049	0.1091	0.1565	0.2127	0.3570	0.1209	0.1317	0.1752	0.3818	0.6714	0.9295

表9.12　体系重组能力评估值

方案	T_0	T_1	T_2	T_3	T_4	T_5	T_6	T_7	T_8	T_9	T_{10}
体系重组能力	0	0.1375	0.3585	0.5610	0.8707	0.3014	0.4574	0.5231	0.8968	0.9614	0.9873

② 目标层评估值。

求目标层,即体系生存力的评估值。根据表9.7、表9.8、表9.11、表9.12,采用区间层次分析法和信息熵法进行定权,权衡系数 λ 取0.6,得到体系生存力下各指标(节点生存力、体系作战能力、体系重组能力)的区间数权重 $\tilde{\omega}_1$、$\tilde{\omega}_2$、$\tilde{\omega}_3$ 分别为 $\tilde{\omega}_1=[0.4680,0.4997]$,$\tilde{\omega}_2=[0.2793,0.2866]$,$\tilde{\omega}_3=[0.2195,0.2424]$。利用权重系数法并取评估区间值的中间值,得到11种设计方案的体系生存力和综合权衡确定数评估值,如表9.13所列。图9.12为体系生存力评估值的柱状图。所得的评估结果为各设计方案的相对值,无实际物理意义,其中原始方案 T_0 的体系生存力及综合权衡评估相对值为最小值0。

表9.13　蓄意攻击下体系生存力及综合权衡评估值

方案	T_0	T_1	T_2	T_3	T_4	T_5
体系生存力值	0	0.1546	0.3435	0.5311	0.7740	0.0759

综合权衡值	0	0.1546/Q_1	0.3435/Q_2	0.5311/Q_3	0.7740/Q_4	0.0759/Q_5
方案	T_6	T_7	T_8	T_9	T_{10}	
体系生存力值	0.1162	0.1465	0.6677	0.7821	0.8768	
综合权衡值	0.1162/Q_6	0.1465/Q_7	0.6677/Q_8	0.7821/Q_9	0.8768/Q_{10}	

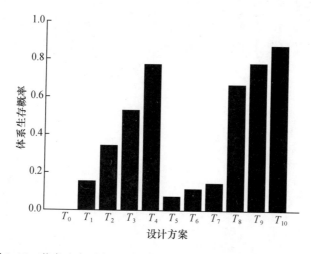

图 9.12　蓄意攻击下各飞机生存力设计方案的体系生存力评估值

由图 9.12 可以看出,在敌方蓄意攻击下,体系生存力随着节点生存力的增大而增大,随着节点连接边数的增多而增大。在节点生存力较小(为 0.5)时,增大节点生存力的设计方案比增加节点的连接边数方案获得的体系生存力增加值大,而当节点生存力较大(为 0.8)时,增加节点连接边数的方案可以获得更大的体系生存力增加值。这主要是因为当节点生存力较小时,体系被敌方导弹摧毁的节点数量较大,且被摧毁的节点主要是度数相对最高的重要节点,造成网络产生大量的孤立节点,因此即使增加节点的连接边也很难使体系生存力有较大提高;而当节点生存力较大时,体系被敌方导弹摧毁的节点较少,此时增加节点的连接边可以有效提高网络的作战能力和重组能力。

从表 9.13 可以看出,若在实际中通过调研或费用预测等手段得到了每种方案的费用值,则可根据表 9.13 的综合权衡值进行各方案的综合权衡,从而选出最优的飞机生存力设计方案,实现效益的最大化。

(2) 随机攻击。

当敌方不具有信息优势时,则采用随机攻击,即网络中节点被攻击的顺序完全随机。经计算,得到敌方 50 枚导弹攻击下 11 种飞机生存力设计方案对各指标的影响如表 9.14 所列。

对表 9.14 所列的 11 种方案采用与蓄意攻击时相同的评估方法进行计算，得到 11 种设计方案的体系生存力和综合权衡评估值，如表 9.15 所列。图 9.13 为体系生存力评估值的柱状图。

表 9.14　随机攻击下飞机生存力各设计方案对体系生存力各指标的影响

方案		节点生存力	作战环数量	武器攻击效能	聚类系数	最大连通度	网络效率	单个节点费用 q_i/万元
原方案	T_0	0.5	629	0.6	0.411	0.89	0.3286	q_0
增大节点生存力	T_1	0.6	665	0.6	0.418	0.92	0.3783	q_1
	T_2	0.7	727	0.6	0.42	0.95	0.404	q_2
	T_3	0.8	744	0.6	0.431	0.97	0.4205	q_3
	T_4	0.9	775	0.6	0.438	0.99	0.4573	q_4
加 2 条边	T_5	0.5	1047	0.6	0.426	0.89	0.3577	q_5
加 4 条边	T_6	0.5	1627	0.6	0.449	0.89	0.3878	q_6
加 6 条边	T_7	0.5	2335	0.6	0.465	0.89	0.398	q_7
加 2 条边	T_8	0.8	1303	0.6	0.445	0.97	0.4553	q_8
加 4 条边	T_9	0.8	2059	0.6	0.466	0.97	0.4885	q_9
加 6 条边	T_{10}	0.8	2710	0.6	0.49	0.97	0.5011	q_{10}

表 9.15　随机攻击下体系生存力及综合权衡评估值

方案	T_0	T_1	T_2	T_3	T_4	T_5
体系生存力值	0	0.1824	0.3527	0.5193	0.6883	0.0827
综合权衡值	0	$0.1824/Q_1$	$0.3527/Q_2$	$0.5193/Q_3$	$0.6883/Q_4$	$0.0827/Q_5$

方案	T_6	T_7	T_8	T_9	T_{10}	
体系生存力值	0.1972	0.3103	0.6194	0.7534	0.8722	
综合权衡值	$0.1972/Q_6$	$0.3103/Q_7$	$0.6194/Q_8$	$0.7534/Q_9$	$0.8722/Q_{10}$	

由图 9.13 可以看出，在敌方随机攻击下，每种设计方案所带来的体系生存力提高与蓄意攻击时在趋势上大致相同，只是当节点生存力较小（为 0.5）时，相比增加节点连接边数的方案，增大节点生存力方案的优势没有蓄意攻击条件下明显。这是因为在随机攻击下，体系被摧毁的节点不全为度数相对较高的重要节点，即作战网络仍保持较好的连通性，此时增加节点连接边的效果与增大节点生存力的效果相近。

（3）只攻击某一类节点。

只攻击某一类节点是指敌方只攻击如传感器节点、指挥控制节点、火力打击

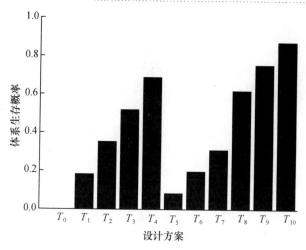

图 9.13 随机攻击下各设计方案的体系生存力评估值

节点等一类节点,使作战网络失去信息探测、指挥控制或打击目标等某一种能力,不能形成有效的作战循环,从而失去作战能力。假设敌方采用集中攻击作战网络中传感器节点的攻击方式,使我方作战网络"致盲",此种情况敌方 50 枚导弹攻击下 11 种飞机生存力设计方案对各指标的影响如表 9.16 所列。

表 9.16 只攻击传感器节点情况下各飞机生存力
设计方案对体系生存力各指标的影响

方案		节点生存力	作战环数量	武器攻击效能	聚类系数	最大连通度	网络效率	单个节点费用 q_i/万元
原方案	T_0	0.5	430	0.6	0.422	0.9	0.3791	q_0
增大节点生存力	T_1	0.6	488	0.6	0.424	0.92	0.3951	q_1
	T_2	0.7	603	0.6	0.427	0.95	0.4213	q_2
	T_3	0.8	665	0.6	0.428	0.97	0.4382	q_3
	T_4	0.9	779	0.6	0.439	0.99	0.456	q_4
加 2 条边	T_5	0.5	867	0.6	0.467	0.9	0.4227	q_5
加 4 条边	T_6	0.5	1364	0.6	0.471	0.9	0.4508	q_6
加 6 条边	T_7	0.5	1865	0.6	0.481	0.9	0.4598	q_7
加 2 条边	T_8	0.8	1219	0.6	0.47	0.97	0.4885	q_8
加 4 条边	T_9	0.8	1939	0.6	0.473	0.97	0.5194	q_9

| 加 6 条边 | T_{10} | 0.8 | 2507 | 0.6 | 0.49 | 0.97 | 0.5295 | q_{10} |

对表 9.16 所列的 11 种方案采用与蓄意攻击时相同的评估方法进行计算，得到 11 种设计方案的体系生存力和综合权衡评估值，如表 9.17 所列。图 9.14 为体系生存力评估值的柱状图。

表 9.17　只攻击传感器节点情况下体系生存力及综合权衡评估值

方案	T_0	T_1	T_2	T_3	T_4	T_5
体系生存力值	0	0.1649	0.3512	0.5152	0.7032	0.1466
综合权衡值	0	$0.1649/Q_1$	$0.3512/Q_2$	$0.5152/Q_3$	$0.7032/Q_4$	$0.1466/Q_5$
方案	T_6	T_7	T_8	T_9	T_{10}	
体系生存力值	0.2201	0.2975	0.6720	0.7696	0.8676	
综合权衡值	$0.2201/Q_6$	$0.2975/Q_7$	$0.6720/Q_8$	$0.7696/Q_9$	$0.8676/Q_{10}$	

由图 9.14 可以看出，当敌方只攻击传感器节点时，每种设计方案所带来的体系生存力提高趋势与蓄意攻击和随机攻击时相似。当节点生存力较小（为 0.5）时，相比增加节点连接边数的方案，增大节点生存力方案的效果优势介于蓄意攻击和随机攻击之间。其原因主要是只攻击传感器节点的攻击方式能显著减少作战体系的作战环数量（对比表 9.14 和表 9.16 中作战环数量），引起体系作战能力的降低，进而减小作战体系的生存力。

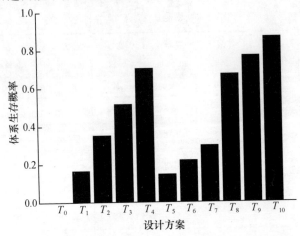

图 9.14　只攻击传感器节点时各设计方案的体系生存力评估值

参 考 文 献

[1] Ball R E. 飞机作战生存力分析与设计基础[M]. 林光宇,宋笔锋,译. 北京:航空工业出版社,1998.

[2] 张考,马东立. 军用飞机生存力与隐身设计[M]. 北京:国防工业出版社,2002.

[3] 宋笔锋,裴杨,等. 飞机作战生存力计算理论与方法[M]. 北京:国防工业出版社,2011.

[4] GJB1301—91. 飞机生存力大纲的制定与实施[S]. 北京:国防科工委军标出版发行部,1992.

[5] 张建华,等. 飞机战伤抢修工程学[M]. 北京:航空工业出版社,2001.

[6] 李曙林. 飞机战伤抢修生存力研究[D]. 西安:西北工业大学,2005.

[7] 王怀威. 军用飞机作战使用生存力研究[D]. 西安:空军工程大学,2013.

[8] 杨哲. 军用飞机生存力相关技术研究[D]. 西安:空军工程大学,2013.

[9] 吴建刚,李曙林. 非爆战斗部作用下军机杀伤概率仿真研究[J]. 弹箭与制导,2005,25(2):161—163.

[10] 李曙林,李寿安. 战伤抢修对飞机生存力的影响分析[J]. 兵工学报,2005,26(6):795—797.

[11] 侯满义,李曙林. 一种军用飞机战伤抢修性评价体系[J]. 航空维修与工程,2006,(2):27—29.

[12] 李曙林,范俊. 贝叶斯网络在飞机生存力评估中的应用[J]. 弹箭与制导,2005,25(3):620—623.

[13] 李曙林,侯满义. 飞机战伤评估与修理决策支持系统中模型库的构建[J]. 空军工程大学学报,
2006,7(2):1—3.

[14] 侯满义,李曙林. 基于灰色关联层次分析的飞机战伤抢修性评价[J]. 电光与控制,2006,13(6):
68—71.

[15] 侯满义,李曙林. 飞机壁板结构战伤的动力有限元仿真[J]. 空军工程大学学报,2007,8(1):1—3.

[16] 周红,李曙林. 电子战条件下飞机敏感性分析及其减缩技术[J]. 火力与指挥控制,2008,33:
139—141.

[17] 蒋正光,李曙林. 基于探测时间的飞机作战生存力[J]. 火力与指挥控制,2010,35,(7):99—101.

[18] 王怀威,李曙林,陈宁. 飞机生存力评价指标之间相关性的解决策略[J]. 空军工程大学学报,2010,
11(6):7—11.

[19] 王怀威,李曙林. 军用飞机作战使用生存力研究[J]. 飞机工程,2010,6.

[20] 陈宁,李曙林. 采用改进的层次分析法进行运输机生存力方案优选[J]. 航空维修与工程,2011,1:
65—67.

[21] 王怀威,李曙林. 战术机动对飞机作战生存力的影响研究[J]. 飞行力学,2011,12(3):88—91.

[22] 王怀威,李曙林. 基于作战能力的飞机生存力模型及其综合权衡[J]. 北京航空航天大学学报,
2011,37(8):933—936.

[23] 王怀威,李曙林. 考虑主动自主防御能力的飞机生存力模型[J]. 北京理工大学学报,2011,31(8):
991—995.

[24] 王怀威,李曙林. 考虑降雨影响的飞机生存力模型与仿真分析[J]. 火力与指挥控制,2012,37(8):
78—82.

[25] 杨哲,李曙林. 部件重叠和二次杀伤条件下飞机多击中易损性评估方法[J]. 北京理工大学学报,

2012,36(8):859－864.

[26] 杨哲,李曙林. 导弹破片威胁下飞机易损性分析[J]. 电光与控制,2012,19(12):38－42.

[27] 杨哲,李曙林. 考虑导弹破片攻击及二次杀伤飞机易损性评估与分析[J]. 高技术通讯,2013,23(1).

[28] 杨哲,李曙林. 机载自卫压制干扰和箔条干扰下飞机生存力研究[J]. 北京理工大学学报,2013,33(3):375－379.

[29] 杨哲,李曙林. 飞机生存力设计参数灵敏度分析[J]. 北京航空航天大学学报,2013,39(8):1096－1101.

[30] 杨哲,李曙林. 网络中心战下作战体系生存力综合权衡设计[J]. 飞行力学,2013,31(5):472－476.

[31] 杨哲,李曙林. 机载箔条质心干扰使用决策研究[J]. 计算机仿真,2013,30(11):28－31.

[32] 杨哲,李曙林. 基于复杂网络空战体系作战网络拓扑模型分析[J]. 计算机仿真,2013,30(6):72－75.

[33] 李曙林,陈宁. 基于区间数的飞机生存力评估方法[J]. 空军工程大学学报,2014,15(1):1－4.

[34] 杨哲,李曙林. 考虑作战能力的飞机生存力权衡设计[J]. 系统工程与电子技术,2014,36(1):90－94.

[35] 杨哲,李曙林. Calculation model of military aircraft survivability to a missile[J]. High technology letters,2014,6.

[36] 殷志宏,杨宝奎,崔乃刚,等. 一种基于威胁告警的智能机动突防策略[J]. 系统工程与电子技术,2008,30(3):515－517.

[37] 金振中,袁刚,贾旭山. 防空导弹对机动目标杀伤效果分析[J]. 宇航学报,2007,28(5):1419－1421.

[38] 马雷挺,方立恭,金钊,等. 舰空导弹对飞机目标近快战发射区研究[J]. 现代防御技术,2008,36(3):17－21.

[39] 曲东才. 现代战机的非常规机动—过失速机动技术分析[J]. 航空科学技术,2005,(5):40－42.

[40] 吴欢欢,南英,彭云. 战机与地—空导弹攻防对抗仿真[J]. 南昌航空大学学报,2008,22(4):47－51.

[41] 刘昌云,刘进忙,冯有前. 基于最大效能的目标机动策略研究[J]. 空军工程大学学报(自然科学版),2003,4(4):41－45.

[42] 韩志刚,林争辉,李林森,等. 低空突防路径规划方法综述[J]. 飞行力学,2002,20(3):1－4.

[43] 叶文,范洪达. 基于改进蚁群法的飞机低空突防航路规划[J]. 飞行力学,2004,22(3):35－38.

[44] 张忠峰,高云峰,宝音贺西. 基于粒子群优化的高超声速飞行器航迹规划[J]. 系统仿真学报,2009,21(8):2428－2431.

[45] 李春华,郑昌文,周成平,等. 一种三维航迹快速搜索方法[J]. 宇航学报,2002,23(3):13－17.

[46] 严平,丁明跃,周成平. 航迹规划的一种路线图方法[J]. 计算机工程与应用,2004,40(17):218－221.

[47] 严平,丁明跃,周成平,等. 飞行器多任务在线实时航迹规划[J]. 航空学报,2004,25(5):485－489.

[48] 范洪达,马向玲,叶文. 飞机低空突防航路规划技术[M]. 北京:国防工业出版社,2007.